Experimente für die Sinne

Wolfgang Skrandies

Experimente für die Sinne

Spannende Versuche zur Wahrnehmung für zu Hause

Wolfgang Skrandies
Gießen, Hessen, Deutschland

ISBN 978-3-662-69493-0   ISBN 978-3-662-69494-7   (eBook)
https://doi.org/10.1007/978-3-662-69494-7

Die Deutsche Nationalbibliothek verzeichnet diese Publikation in der Deutschen Nationalbibliografie; detaillierte bibliografische Daten sind im Internet über https://portal.dnb.de abrufbar.

© Der/die Herausgeber bzw. der/die Autor(en), exklusiv lizenziert an Springer-Verlag GmbH, DE, ein Teil von Springer Nature 2024

Das Werk einschließlich aller seiner Teile ist urheberrechtlich geschützt. Jede Verwertung, die nicht ausdrücklich vom Urheberrechtsgesetz zugelassen ist, bedarf der vorherigen Zustimmung des Verlags. Das gilt insbesondere für Vervielfältigungen, Bearbeitungen, Übersetzungen, Mikroverfilmungen und die Einspeicherung und Verarbeitung in elektronischen Systemen.
Die Wiedergabe von allgemein beschreibenden Bezeichnungen, Marken, Unternehmensnamen etc. in diesem Werk bedeutet nicht, dass diese frei durch jede Person benutzt werden dürfen. Die Berechtigung zur Benutzung unterliegt, auch ohne gesonderten Hinweis hierzu, den Regeln des Markenrechts. Die Rechte des/der jeweiligen Zeicheninhaber*in sind zu beachten.
Der Verlag, die Autor*innen und die Herausgeber*innen gehen davon aus, dass die Angaben und Informationen in diesem Werk zum Zeitpunkt der Veröffentlichung vollständig und korrekt sind. Weder der Verlag noch die Autor*innen oder die Herausgeber*innen übernehmen, ausdrücklich oder implizit, Gewähr für den Inhalt des Werkes, etwaige Fehler oder Äußerungen. Der Verlag bleibt im Hinblick auf geografische Zuordnungen und Gebietsbezeichnungen in veröffentlichten Karten und Institutionsadressen neutral.

Planung/Lektorat: Sarah Koch
Springer ist ein Imprint der eingetragenen Gesellschaft Springer-Verlag GmbH, DE und ist ein Teil von Springer Nature.
Die Anschrift der Gesellschaft ist: Heidelberger Platz 3, 14197 Berlin, Germany

Wenn Sie dieses Produkt entsorgen, geben Sie das Papier bitte zum Recycling.

Nur ein Narr macht keine Experimente

Charles Darwin

Vorbemerkungen

In diesem Buch wird beschrieben, wie wir sehen, hören, fühlen und riechen oder schmecken, und wie wir das Funktionieren unserer Sinne direkt erleben können. Die Wahrnehmung von Sinnesreizen ist für uns von zentraler Bedeutung, denn sie beeinflusst uns in allen Lebenslagen und ermöglicht unsere Orientierung in der Umwelt und unsere Handlungen. Was und wie wir etwas wahrnehmen können, ist durch den anatomischen Aufbau und die biologischen und physiologischen Mechanismen in unseren Sinnesorganen und in unserem Gehirn vorgegeben.

Deswegen können die beschriebenen Funktionen nur im Zusammenhang mit den Grundlagen der *Neurophysiologie* und *Neuroanatomie* verstanden werden. Diese werden hier nur stichpunktartig und in vereinfachter Form beschrieben. Der Text kann und soll nicht das Wissen über medizinische Fakten und die Ergebnisse der Hirnforschung ersetzen, und für ein vertiefendes Nachlesen anatomischer und sinnesphysiologischer Grundlagen wird der Leser nicht auf die meist englischsprachige wissenschaftliche Originalliteratur, sondern auf die entsprechenden (Lehr-)Bücher zur Neuroanatomie, Sinnesphysiologie und Wahrnehmungspsychologie verwiesen. Im Anhang befindet sich ein Glossar, in dem wichtige medizinische und wahrnehmungspsychologische Begriffe kurz erläutert werden. Diese sind bei ihrem ersten Auftreten im Text **fett** hervorgehoben.

Die physiologischen und anatomischen Fakten werden knapp, aber ausführlich genug dargestellt, um die Effekte zu erklären und den Hintergrund zu verstehen. Im Zentrum stehen zu den verschiedenen Sinnesmodalitäten thematisch passende, kleine Experimente, die relativ einfach ohne großen technischen Aufwand und komplizierte Hilfsmittel durchgeführt werden können. Das meiste Zubehör findet sich in jedem Haushalt. Damit können sich die Leser direkt von bestimmten Wahrnehmungsprozessen und Effekten überzeugen. Vor allem für Sehphänomene gibt es auch Möglichkeiten, entsprechende Effekte auf dem PC oder Smartphone zu visualisieren. Quellen hierzu lassen sich im Internet leicht finden, und hier wird nicht weiter darauf eingegangen. Es sei nur erwähnt, dass elektronische Simulation eine direkte Beobachtung oder Erfahrung nicht wirklich ersetzen kann. So spiegeln Farbmischungen, die durch optische Filter erzeugt werden, die Realität oft treffender wider als Computerprogramme, die sämtliche Farben aus drei Grundkomponenten berechnen.

Wir wissen, dass alles, was wir selbst erlebt und empfunden haben, besser in Erinnerung bleibt als rein theoretisches Wissen. Warum es beispielsweise in unserem Auge einen *Blinden Fleck* gibt oder wie unsere Gewöhnung an die Dämmerung funktioniert, wird in vielen Lehrbüchern ausführlich beschrieben und theoretisch erklärt, aber wenn wir es an uns selbst erfahren können, begreifen wir die funktionelle Bedeutung für unser Sehen. Ein Zugang zur Sinnesphysiologie über das *subjektive Erleben* der Wahrnehmung demonstriert, wie unsere Sinne funktionieren. Hierbei sind wir alle Experten, wenn wir uns die Mühe machen, uns selbst zu beobachten.

Auf diese Weise ergänzen die geschilderten Experimente die im Text und den Lehrbüchern beschriebenen Phänomene. Die meisten davon sind mit den Namen von Forschern des 19. oder frühen 20. Jahrhunderts verknüpft, die als Philosophen, Psychologen, Physiker oder Mediziner begannen, die Wahrnehmungsprozesse des Menschen systematisch zu untersuchen. Viele dieser frühen Befunde und Erkenntnisse besitzen auch heute noch Gültigkeit und bilden oft die Grundlage für moderne Fragestellungen der experimentellen Psychologie, Sinnesphysiologie und Hirnforschung.

Ich bedanke mich bei Prof. Dr. Christian Baumann und Prof. Dr. Leo Peichl für konstruktive Vorschläge zur Verbesserung der Darstellung der anatomischen und physiologischen Aspekte. Frau Dr. Sarah Koch half mit stilistischen Vorschlägen, den Text für ein allgemeines Publikum lesbarer zu machen. Alle verbleibenden Unstimmigkeiten oder sachlichen Fehler sind dem Autor zuzuschreiben.

Inhaltsverzeichnis

1 Die Sinne des Menschen 1
  1.1 Grundsätzliches zur Wahrnehmung 2

2 Sinnesreize 11
  2.1 Praktische Erfahrung fördert das Begreifen 13

3 Sehen 15
  3.1 Die Purkinje-Verschiebung 17
  3.2 Sehen im Dunklen – Dunkeladaptation 19
  3.3 Sehen in der Nacht 21
  3.4 Bestimmung des Blinden Flecks 22
  3.5 Ein Kontrasteffekt: Die Mach-Bänder 25
  3.6 Simultaner Helligkeitskontrast 26
  3.7 Farbige Nachbilder 29
  3.8 Wenn Sehen verschwindet – Der Troxler-Effekt 31
  3.9 Warum unsere Umwelt stabil erscheint 33
  3.10 Lichtempfindungen: Phosphene 34
  3.11 Die Reaktion der Pupillen 35
  3.12 Das Rauschen der Netzhaut – Eigengrau 37
  3.13 Der Gefäßbaum des Auges 38
  3.14 Akkommodation: Nahpunkt und Fernpunkt 39
  3.15 Periphere und zentrale Sehschärfe 41
  3.16 Veränderte Wahrnehmung durch Adaptation 43
  3.17 Die Bedeutung der Hornhaut des Auges 46
  3.18 Sehen von Linien 48

3.19	Sehschärfe	50
3.20	Dreidimensionales Sehen	51
3.21	Zweiäugiges Sehen; binokularer Wettstreit	55
3.22	Das dominante Auge	57
3.23	Gestaltwahrnehmung	58
3.24	Scheinbewegungen	60

4 Hören — 63
4.1	Empfindungsspezifität von Vibrationen	64
4.2	Gehörprüfung mit Stimmgabeln	65
4.3	Richtungshören	67
4.4	„Erster" und „zweiter" Schall	71
4.5	Geräusche von Lebensmitteln	72

5 Gleichgewicht — 75
5.1	Der Einfluss des Sehens	76
5.2	Die Rückmeldung der Propriozeption	77
5.3	Die Auswirkung von Rotation	79
5.4	Einfache klinische Tests des Gleichgewichts	81
5.5	Der Einfluss von Vibrationen und die lange Nase	83

6 Tasten und Spüren — 85
6.1	Die Qualitäten der Berührung	87
6.2	Ermittlung der relativen Dichte der Druckpunkte	89
6.3	Feines Tasten – Die Zwei-Punkt-Unterscheidung	90
6.4	Tastend untersuchen und Gewöhnung	92
6.5	Kitzeln	93
6.6	Die Stabilität der Umwelt	94
6.7	Die Beurteilung von Gewichten	95
6.8	Schätzung der Länge eines Gegenstands	97
6.9	Die Größen-Gewichts-Täuschung	98
6.10	Was ist nass, was ist trocken?	99

7 Wahrnehmung von Temperatur — 103
7.1	Die Verteilung der Thermorezeptoren	105
7.2	Heiß und kalt	106
7.3	Die Weber-Täuschung	107
7.4	Empfindung unserer Hauttemperatur	108

7.5	Der Drei-Schalen-Versuch	109
7.6	Die Temperatur verschiedenartiger Materialien	111
7.7	Nachempfindung von Temperatur	112
7.8	Temperaturunterschiede	112

8 Geschmack und Geruch — 115

8.1	Die Papillen der Zunge	116
8.2	Verteilung der Geschmacksqualitäten auf der Zunge	117
8.3	Nachgeschmack	119
8.4	Einfluss der Konzentration von Salz	121
8.5	Elektrischer Geschmack	122
8.6	Der Geschmack von Wein	123
8.7	Einfluss der Temperatur auf das Aroma	125
8.8	Veränderung der Süßwahrnehmung	126
8.9	Geschmacksveränderungen durch Wunderfrucht	127
8.10	Erinnerung an Gerüche	128
8.11	Gewöhnung an Gerüche	130
8.12	Natürliche Gerüche	131
8.13	Eine Duftquelle durch Riechen finden	133
8.14	Die Bedeutung von Geruch für den Geschmack	134
8.15	Der Geruch von Büchern	136
8.16	Geschmack und Farbe	137

A Anatomische und Physiologische Begriffe — 139

Abbildungsverzeichnis

Abb. 3.1	Messung der Purkinje-Verschiebung	18
Abb. 3.2	Die Purkinje-Verschiebung	19
Abb. 3.3	Dunkeladaptation	20
Abb. 3.4	Vorlage zum Entdecken des Blinden Flecks	22
Abb. 3.5	Strahlensatz zur Bestimmung des Blinden Flecks	23
Abb. 3.6	Illustration der Mach-Bänder	25
Abb. 3.7	Simultaner Helligkeitskontrast	27
Abb. 3.8	Farbige Nachbilder	30
Abb. 3.9	Troxler-Effekt	32
Abb. 3.10	Die Sehschärfe in der Peripherie	42
Abb. 3.11	Adaptation auf Gittermuster	44
Abb. 3.12	Adaptation auf Orientierungen	45
Abb. 3.13	McCollough-Effekt	46
Abb. 3.14	Der Einfluss der Krümmung der Kornea	47
Abb. 3.15	Das Sehen von Linien	49
Abb. 3.16	Sehzeichen zum Testen der Sehschärfe	51
Abb. 3.17	Helligkeit modulierte Streifenmuster	52
Abb. 3.18	Vorlage für stereoskopisches Sehen	53
Abb. 3.19	Räumliche Tiefe durch unterschiedliche Farben	54
Abb. 3.20	Binokularer Wettstreit	56
Abb. 3.21	Muster für Gestaltwahrnehmung	59
Abb. 3.22	Vorlagen für Scheinbewegung	61
Abb. 4.1	Auswertung des Richtungshörens	69
Abb. 4.2	Schema zu Berechnung des minimalen Winkels	70
Abb. 4.3	Der Präzedenzeffekt	72
Abb. 6.1	Ergebnisse zur Längenschätzung	98

XIV Abbildungsverzeichnis

Abb. 7.1 Drei-Schalen-Versuch zur Temperaturempfindung   110
Abb. 8.1 Schema der Zunge und Geschmacksqualitäten   118

Tabellenverzeichnis

Tab. 1.1	Die subjektiven Sinnesempfindungen	8
Tab. 2.1	Modalitäten, Qualitäten, Reize, Rezeptoren	12
Tab. 7.1	Anzahl der Kalt- und Warmpunkte	104

1

Die Sinne des Menschen

Die Forschungsgebiete der Sinnesphysiologie und Wahrnehmungspsychologie beschäftigen sich mit der Frage, wie wir unsere Umwelt wahrnehmen und interpretieren können. Dabei werden Methoden der Anatomie, der Physiologie und der experimentellen Psychologie eingesetzt. Diese zentralen und lebenswichtigen Fähigkeiten beruhen auf dem anatomischen Aufbau und der physiologischen Funktion der Sinnesorgane mit ihren Rezeptorzellen und des Gehirns. Dort finden wir sehr viele Bereiche, die auf Sinnesinformationen durch neuronale elektrische Signale reagieren, sie verarbeiten – das bedeutet, sie zu verändern und zu integrieren – und mit Erinnerungen und Emotionen verknüpfen und so zu einer bewussten oder aber auch einer unbewussten Wahrnehmung führen. Ein großer Teil der Hirnrinde ist mit unseren Sinneseindrücken befasst. Auch bei scheinbar einfachen neurophysiologischen Prozessen sind sehr viele verschiedene Bereiche des Gehirns aktiv. Was und wie wir etwas wahrnehmen, ist zu einem sehr großen Teil auch gelernt. Grundlegenden physikalischen oder chemischen Reizen auch eine Bedeutung für uns zuzuordnen, ist erst nach Reifungsprozessen und einiger Erfahrung möglich. Wir wissen, dass Säuglinge und auch Kinder in ihren ersten Lebensjahren im Rahmen der Entwicklung des **zentralen Nervensystems** erst lernen müssen, ihre Sinnesorgane zu gebrauchen. Die allermeisten Sinne von Neugeborenen und Babys sind zunächst nur sehr rudimentär ausgebildet und entwickeln sich in den ersten Lebensmonaten. Durch eine stimulierende Umwelt werden Lern- und Reifungsprozesse gefördert. Ohne diese kommt es zu Fehlentwicklungen des zentralen Nervensystems, die oft irreversibel sind. Ein Beispiel ist die Amblyopie, bei der es sich um eine starke Schwachsichtigkeit eines oder beider Augen handelt, die auf einer Entwicklungsstörung des Sehsystems während der frühen Kindheit beruht. Dies resultiert in einer Veränderung der für das Sehen wichtigen Strukturen des Gehirns, was durch eine Brille oder Kontaktlinsen nicht ausgeglichen werden kann.

Alle lebenden Organismen müssen bemerken, was fortwährend in ihrer näheren Umgebung und ihrer Umwelt geschieht, um sich orientieren zu können und auf Reize angemessen zu reagieren. Noch nicht einmal sehr einfache Bewegungen sind ohne Information aus unseren Sinnesorganen möglich. Alle bewussten und unbewussten motorischen Prozesse, also Bewegungen wie Stehen, Gehen, Laufen und auch Sitzen, hängen nicht nur von den Empfindungen, die in den Muskeln und Sehnen ausgelöst werden, sondern auch stark von unserem Sehen, Hören und der Wahrnehmung des Gleichgewichts ab. Laufen oder Fahrradfahren beruhen auf einem intakten Seh- und Gleichgewichtssinn, was uns erst die sinnvolle Steuerung und Koordination unserer Muskeln ermöglicht. Wir leben in einem dreidimensionalen Raum unter der Einwirkung der Schwerkraft und viele rasch ablaufende unbewusste Regelmechanismen sind wichtig, damit wir das Gleichgewicht halten und uns sicher bewegen können.

Wir Menschen – und alle Tiere – nehmen für uns und unseren Körper lebenswichtige Informationen aus unserem Lebensraum und aus unserem Körperinneren wahr. Dies läuft oft unbewusst ab und erlaubt, aktiv und gezielt auf bestimmte Reize zu reagieren. „Höhere" Sinne wie Sehen und Hören sind für unsere tagtägliche Orientierung und die zwischenmenschliche Kommunikation wichtig, deshalb werden sie als „höher" bezeichnet. Leben, ohne sehen und hören zu können, können wir uns nicht vorstellen. Dies gilt jedoch nicht für alle Organismen: Wie im Kapitel *Die Sinne des Menschen* beschrieben, finden sich viele Tiere in ihrer Umwelt nicht mit ihren Augen oder Ohren zurecht, sondern mit anderen Sinnen, weil sie besonders gut riechen oder sogar elektrische und Magnetfelder wahrnehmen können. Aber auch die oft unbewusste Wahrnehmung chemischer Reize und Botschaften beim Schmecken und Riechen besitzt nicht nur für Tiere, sondern in manchen Situationen auch für uns große Bedeutung. Unser Ernährungsverhalten und andere lebenswichtige Funktionen und auch das Sozialverhalten werden von Geschmack und Geruch stark beeinflusst, auch wenn wir dies oft nicht bemerken.

1.1 Grundsätzliches zur Wahrnehmung

Es ist wichtig, sich darüber im Klaren zu sein, dass so etwas wie Farben und Töne, Hartes und Weiches, Warmes und Kaltes oder Süßes und Saures nur in einem wahrnehmenden Lebewesen existiert, das bei Bewusstsein ist. Ein

Stück Kuchen ist nicht wirklich süß oder fruchtig, sondern diese Eigenschaften konstruiert unser Gehirn aufgrund der molekularen Eigenschaften des Kuchens und unserer Zuschreibung, die wir im Laufe unseres Lebens gelernt haben. Ein Baby weiß nicht, was blau oder salzig ist, sondern lernt dies erst. Physikalische oder chemische Reize existieren zwar in der Umwelt, und sie können auch objektiviert oder gemessen und beschrieben werden, aber alles, was wir wahrnehmen und empfinden, ist weitgehend subjektiv und einer zweifelsfreien direkten objektiven Messung und Interpretation nicht zugänglich. Und auch nicht alles kann von uns wahrgenommen werden. Die Funktionen unserer Sinnesorgane sind auf das beschränkt, was für unser Überleben aus biologischen Gründen wichtig ist. Physikalische und chemische Reize, auf die die Sinnesrezeptoren am empfindlichsten reagieren, werden als **adäquate Reize** bezeichnet. Zahllose Reize unserer Umwelt, wie beispielsweise radioaktive Strahlung, Röntgenstrahlen oder Ultraschallsignale und vieles andere mehr, bemerken wir nicht, weil es für unser Leben bedeutungslos ist.

Die auf bestimmte physikalische und chemische Reize abgestimmten **Rezeptoren** der Sinnesorgane werden neuronal erregt, und über afferente Nerven zum Gehirn geleitet. Das Gegenstück zu diesen **Afferenzen** bilden die **Efferenzen,** die aus dem Zentralnervensystem stammende Informationen zu den Erfolgsorganen wie beispielsweise den Skelettmuskeln leiten.

Die Ergebnisse, die mit experimentellen Untersuchungsmethoden wie der systematischen quantitativen Messung von Wahrnehmungsschwellen oder der Unterscheidungsfähigkeit physikalischer und chemischer Reizeigenschaften sowie die Registrierung von Nervenaktivität der Sinnesorgane oder des Gehirns und der begleitenden metabolischen Aktivierungsmuster wie Hirndurchblutung oder Sauerstoffverbrauch in verschiedenen Regionen des Gehirns gewonnen werden, ändern nichts an der grundsätzlichen Tatsache eines ausschließlich subjektiven Wahrnehmungsprozesses. Wie eine Person den Geschmack eines Getränks empfindet, welchen subjektiven Eindruck sie beim Riechen eines ihr bekannten oder auch unbekannten Parfüms gewinnt und welche Gefühle dies bei ihr auslöst oder wie sie einen bunten Blumenstrauß wahrnimmt, können wir aufgrund ihrer sprachlichen Beschreibung und Erklärung rational nachvollziehen und versuchen, dies durch einen Vergleich mit unseren eigenen Sinneseindrücken zu verstehen. Wie die innere subjektive Empfindung eines anderen Menschen jedoch tatsächlich ist, wissen wir in Wirklichkeit nicht. Wenn uns jemand berichtet, ein bestimmtes Gericht sei lecker und herzhaft, verstehen wir in etwa, was gemeint ist, aber wir sind nicht unbedingt sicher und können uns auch täuschen. Dies ist bei der Wahrnehmung und Beschreibung von stark emotional getönten Wahrnehmungen wie Schmerz ähnlich. Wir können Schmerzen nicht wirklich nachvollziehen, sondern sie nur durch die Schilderung der Person und den Vergleich mit unseren eigenen früheren, meist beschränkten und subjektiven Erfahrungen zu verstehen versuchen.

In unserer materiellen Umgebung existieren viele Reize, die für uns wichtig sind: die physikalisch definierte elektromagnetische Strahlung unterschiedlicher Wellenlänge und Luftdruckschwankungen oder mechanische Einflüsse wie Druck und Vibrationen. Moleküle, die einen bestimmten chemischen Aufbau und eine definierte Konzentration besitzen, strömen ebenfalls kontinuierlich auf uns ein. Vieles dieser Reize wird von uns bewusst oder auch unbewusst wahrgenommen.

Die Farbe „Rot" gibt es jedoch in der Umwelt nicht, genauso wenig wie etwas „Süßes" oder den angenehmen Duft eines Parfüms. Erst unsere Interpretation, die zu einem großen Teil auf Erfahrung und Gelerntem beruht, erlaubt eine solche Zuschreibung.

Ein wesentlicher Unterschied zwischen visuellen und auditiven Empfindungen und Geruch und Geschmack oder auch Schmerz liegt in dem Ausmaß ihrer Subjektivität. Die visuelle und auditive Wahrnehmung ist meistens weitgehend einheitlich und überindividuell objektivierbar und deswegen über Personen hinweg vergleichbar. Deshalb können die zugehörigen Wahrnehmungsinhalte zum größten Teil auch sprachlich verständlich und nachvollziehbar kommuniziert werden. Es fällt uns relativ leicht zu beschreiben, was wir sehen und hören. Dennoch können wir nicht wissen, wie genau eine andere Person beispielsweise etwas Rotes wahrnimmt. Wir vermuten aufgrund unserer subjektiven Erfahrung, dass die Empfindung des Anderen der unseren wohl sehr ähnlich ist. Die Eindrücke, die wir über Schmecken und Riechen erhalten, zeigen jedoch eine wesentlich größere Variation zwischen Individuen, denn sie sind zusätzlich von vielen unbewussten und persönlichen Faktoren bestimmt. Dies liegt einerseits an den eingeschränkten Möglichkeiten, die bestimmenden chemischen Reize zu quantifizieren, und andererseits an dem großen Einfluss, den erlernte Vorlieben oder Abneigungen und frühere Erfahrungen auf die subjektiven Empfindungen besitzen. Ähnliches gilt für Schmerzen, die immer sehr subjektiv beschrieben und beurteilt werden. Diese Tatsache erklärt auch die Probleme, die wir bei der sprachlichen Kommunikation über die durch chemische Reize vermittelte Wahrnehmung haben; es fällt uns schwer, einen Geruch oder Geschmack zufriedenstellend und verständlich zu beschreiben und zu erklären. Dazu fehlt uns nicht nur der zugehörige Wortschatz, sondern diese Empfindungen sind meist auch schwer in Worte zu fassen. Wegen ihrer direkten Verbindung zu bewussten Sprachprozessen werden Sehen und Hören oft auch als höhere Sinne bezeichnet.

Ob wir überhaupt etwas wahrnehmen können, hängt zunächst von der Stärke des Sinnesreizes ab. Die Grenze zwischen „Wahrnehmen" und „Nichtwahrnehmen" wird als **Schwelle** bezeichnet. Wir unterscheiden dabei die *absolute Schwelle,* die angibt, ab welcher Stärke ein Reiz überhaupt bemerkt wird, von der *Unterschiedsschwelle,* die aussagt, wie groß ein Unterschied zwischen zwei Reizen sein muss, um wahrgenommen zu werden. Diese Werte sind immer wesentlich größer als die absoluten Schwellen. Eine noch größere Intensität ist nötig, damit wir in der Lage sind, den Reiz und seine Eigenschaften auch erkennen und benennen zu können. Diese Grenze wird als *Erkennungsschwelle* bezeichnet. Aus unserer Alltagserfahrung kennen wir das: Wir bemerken oft, dass irgendetwas vorhanden ist, aber wir können einen Reiz nur richtig identifizieren und beurteilen, wenn er stärker oder längere Zeit auf uns einwirkt.

Wir unterscheiden die *subjektive* und *objektive* Sinnesphysiologie. Die Untersuchung und Analyse der Beziehung zwischen Reizeinwirkung und Empfindung und Wahrnehmung ist der Gegenstand der Forschung im Bereich der subjektiven Sinnesphysiologie. Diese wird auch als **Psychophysik** bezeichnet und wurde im 19. Jahrhundert als Forschungsgebiet etabliert. Hierbei untersucht man systematisch, wie sich die Variation der physikalischen Reizeigenschaften auf unsere Empfindung auswirkt. Die subjektive Empfindung wird als das primär Gegebene angesehen, und es werden die Reizeigenschaften und Bedingungen gesucht, die zum Auftreten der jeweiligen Empfindung führen. Diese ist ein phänomenaler Gegenstand, der den Ursprung der Erkenntnisgewinnung als die unmittelbar gegebenen Erscheinungen interpretiert, und er kann nicht direkt in dem naturwissenschaftlichen Begriffssystem der Physik dargestellt werden. Deshalb wird die Beziehung zwischen der phänomenologischen Größe **E** (Empfindung) und dem physikalischen Reiz **R** (z. B. Helligkeit, Druck etc.) auch nicht als Gleichung, sondern als Abbildungsbeziehung dargestellt: $\mathbf{E} \rightarrow \mathbf{R}$. Diese Beziehung besagt, dass eine bestimmte Empfindung mit einer bestimmten Reizgröße im Sinne einer adäquaten – angemessenen – Abbildung zusammenhängt. Die Verknüpfung und Kombination mehrerer sensorischer Empfindungen mit Gelerntem und individuellen Erinnerungen führt zu der Wahrnehmung unserer Umwelt.

Im Gegensatz dazu werden mit Methoden der objektiven Sinnesphysiologie die neurophysiologischen Vorgänge untersucht, die bei Reizeinwirkung auftreten. Diese Untersuchungen können am Menschen oder im Tierversuch durchgeführt werden, da hier keine subjektiven Aussagen nötig sind. Alle sinnesphysiologischen Prozesse gliedern sich in die folgenden funktionellen Abläufe: In spezialisierten Strukturen der Haut, des Auges, des Ohrs und anderer Sinnesorgane lösen physikalische und chemische Reize wie Druck, Temperatur, Licht, Schall oder chemische Substanzen in den Rezeptoren sogenannte Generatorpotentiale aus. Dies wird als Reiztransformation bezeichnet. Sind die Reize ausreichend stark, so wird die neurophysiologische Aktivität als Folge von **Aktionspotentialen** in afferenten Nerven zum *Zentralen Nervensystem* geleitet. Dies führt dort zu komplexen Erregungsmustern in spezifischen und für die jeweilige **Modalität** spezialisierten Hirnarealen. Die Rezeptoren der Sinnesorgane sind in der Regel für einen bestimmten Reiz besonders empfindlich; dieser wird als der *adäquate Reiz* bezeichnet. Die Information erreicht die kortikalen Strukturen – die Großhirnrinde – fast immer über den **Thalamus,** der im Zwischenhirn liegt und die sensorisch ausgelöste Erregung auf nachgeschaltete spezialisierte Hirnbereiche verteilt.

Das bedeutet, dass die Rezeptoren auf die Reizeigenschaften entsprechend abgestimmt sind. Die afferenten Signale der verschiedenen Modalitäten werden im Gehirn (oder aber auch nur auf der Ebene des Rückenmarks wie zum Beispiel bei Reflexen) verarbeitet, mit früher gespeicherten Informationen verglichen und auch durch Emotionen beeinflusst. Diese Vorgänge sind als das neurophysiologische Korrelat der Empfindungen und Wahrnehmungen anzusehen.

Sowohl subjektive, psychophysische als auch objektive, technische Untersuchungsmethoden von Sinnesfunktionen sind für viele klinische Diagnosen bei Fehlfunktionen unserer Sinne wichtig. Einfache Seh- und Hörtests oder Riechtests, die die meisten von uns kennen, gehören zu den relativ einfachen subjektiven Methoden, die tagtäglich in der Augen- und Ohrenheilkunde und der Neurologie Anwendung finden. Elektrophysiologische Messungen von Nervenzellaktivität, wie das Elektroretinogramm (ERG), oder EEG-Potentiale, – sogenannte Evozierte Potentiale – deren Registrierung aufwendiger ist, liefern objektive Messergebnisse zur Beurteilung der Krankheit. Im klinischen Alltag werden all diese Verfahren verwendet, weil sie sich sinnvoll ergänzen und eine abschließende Diagnose erlauben.

Der Begriff der Sinnesmodalität bezieht sich auf die „Art und Weise" unserer Wahrnehmung. Eine Gruppe ähnlicher Sinneseindrücke nennt man Sinn oder Modalität. Im Alltag gehen wir davon aus, dass dies immer an ein bestimmtes Organ gebunden ist; beispielsweise an Auge, Ohr, Haut, Nase oder Zunge. Dies ist jedoch nicht ganz korrekt, denn nicht allen Sinnesorganen sind eindeutig oder ausschließlich bestimmte Modalitäten zuzuordnen. Ein Beispiel ist die Haut, die für mechanische Reize wie Berührung, Druck und Vibration empfindlich ist. Sie kann aber auch durch Temperatur und Schmerz gereizt werden. Das heißt, dass die Haut Informationen über verschiedene eigenständige Sinne vermitteln kann. Die allgemeine Aussage, der Mensch habe „fünf Sinne" ist also nicht korrekt; allein die Haut reagiert auf fünf abgrenzbare Reizwirkungen wie beispielsweise Berührung, Druck, Vibration, Temperatur oder Schmerz. Außerdem haben wir weitere körpereigene Wahrnehmungen, die keinem speziellen Sinnesorgan direkt zugeordnet werden können: Wir fühlen Hitze oder Kälte und Schmerz und spüren unser Gleichgewicht oder die Stellung der Gelenke und die Muskelspannung („Kraftsinn"), die gemeinsam zu unserer Lage- und Bewegungsempfindung beitragen. All dies sind voneinander abgrenzbare Modalitäten. Die Wahrnehmung von Hunger und Durst wird meist einer **Allgemeinempfindung** oder *homöostatischen Trieben* zugerechnet.

Andererseits kann derselbe physikalische oder chemische Reiz auch unterschiedliche Sinne erregen: Eine Schwingung der Luft von 50 Hz wird als sehr tiefer Ton gehört, sie kann jedoch auch über die Haut als Vibration wahrgenommen werden. Hält man seine Hand vor einen Lautsprecher, so hört und fühlt man den tiefen Ton. Zwei verschiedene Sinnessysteme erzeugen folglich durch einen identischen physikalischen Reiz eine unterschiedliche Wahrnehmung. Die organische Grundlage der Modalität ist folglich nicht nur das Sinnesorgan (Auge, Ohr etc.), sondern das gesamte auf bestimmte physikalische oder chemische Veränderungen ansprechende Sinnessystem. Dies umfasst anatomisch und funktionell definierte Strukturen, die von den Rezeptoren in dem jeweiligen Sinnesorgan bis zu den kortikalen Projektionsgebieten des Gehirns reichen. Die spezialisierten Sinnesrezeptoren, die afferenten Bahnen, die subkortikalen Strukturen sowie die Verarbeitungszentren der Großhirnrinde definieren also eine Modalität. Die verschiedenen **Großhirnlappen** beherbergen meist unterschiedliche Hirnfunktionen, und sie besitzen spezialisierte Bereiche, die für Sehen, Hören oder Fühlen zuständig sind.

Diese Definition einer Sinnesmodalität ist die Basis für die Theorie der *spezifischen Sinnesenergien,* die von dem Physiologen Johannes Peter Müller[1] im 19. Jahrhundert formuliert wurde. Diese Theorie besagt, dass ein Sinnessystem jeweils nur eine bestimmte Art von Wahrnehmung erzeugen kann. Werden die Netzhaut des Auges oder der Sehnerv gereizt, so nehmen wir Licht oder Farben wahr, werden das Ohr oder der Hörnerv gereizt, so hören wir etwas. Die Empfindung ist unabhängig davon, ob es sich um einen adäquaten Reiz wie Lichtblitz und Schallereignis oder einen nichtadäquaten Reiz wie die mechanische Verformung des Augapfels handelt. Diese Tatsache bildet die Grundlage für Neuroprothesen, die geschädigte Strukturen eines Sinnessystems ersetzen können. Durch in das Innenohr implantierte Prothesen wird der Hörnerv elektrisch stimuliert, was in auditiver Wahrnehmung resultiert, die von der Funktion der Hörrezeptoren unabhängig ist. Dieses Verfahren ist weit entwickelt und findet regelmäßige Anwendung in der Klinik. In ähnlicher Weise arbeiten verschiedene Forschergruppen daran, Sehstörungen durch Retinaimplantate zu therapieren. Auch diese basieren auf der Grundidee der

---

[1] Johannes Peter Müller (1801–1858), deutscher Mediziner, Physiologe und vergleichender Anatom.

spezifischen Sinnesenergien, wobei die Funktion von defekten Rezeptorzellen durch künstliche, elektrische Stimulation überbrückt und ersetzt wird.

Alle Modalitäten besitzen vier Grunddimensionen, die in der Tab. 1.1 zusammengefasst sind: Qualität (charakteristische Eigenschaft), Quantität (Stärke oder Intensität), Räumlichkeit und Zeitlichkeit. Die in diesem Buch beschriebenen Untersuchungen der Wahrnehmung beziehen sich auf diese Aspekte. Unter *Qualität* oder der Art und Weise verstehen wir die verschiedenen Sinneseindrücke, die ein Sinnesorgan vermitteln kann (beispielsweise hell/dunkel, Farbe, Tonhöhe, warm/kalt, süß/sauer). Wir besitzen nur relativ wenige verschiedene Arten von Rezeptoren, die auf bestimmte physikalische oder chemische Eigenschaften der jeweiligen Reize ansprechen. Die Kombination der Erregung aus verschiedenen Rezeptorzellen mit unterschiedlicher Spezifität erlaubt dennoch einen weiten Bereich von unterschiedlichen Wahrnehmungseindrücken. Beispielsweise ermöglichen nur drei unterschiedliche Arten von Fotorezeptoren das Sehen von Millionen Farbtönen. Die *Quantität* oder *Intensität* definiert, ob und wie stark wir einen Reiz empfinden. Wie erwähnt, wird die minimale Reizstärke, die zur Wahrnehmung führt, als Schwellenreizstärke bezeichnet. Die Unterschiedsschwelle gibt den Reizzuwachs an, der notwendig ist, um eine eben merkliche Zunahme der Empfindung hervorzurufen. Die Dimensionen *Räumlichkeit* und *Zeitlichkeit* beziehen sich auf die Lokalisation der jeweiligen Reize in der Außenwelt oder dem entsprechenden Sinnesorgan oder der Haut sowie auf den zeitlichen Verlauf der ausgelösten Erregung. Die afferenten Nerven und Nervenzellen in den Sinnesorganen und verschiedenen Strukturen des ZNS besitzen sogenannte räumlich begrenzte **rezeptive Felder,** über die bei Reizung ein nachgeschaltetes Neuron beeinflusst wird. Nur Reize, die auf das rezeptive Feld fallen, führen zu der Erregung eines Neurons. Deshalb können diese Bereiche als eine Art räumliche Filter angesehen werden.

Tab. 1.1 Dimensionen der subjektiven Sinnesempfindungen und ihre physiologischen Korrelate

Subjektive Empfindung	Physiologische Korrelate; Verarbeitung in Rezeptoren und ZNS
Qualität (Art)	Spezifität des Sinnessystems
Intensität (Stärke)	Frequenz der Aktionspotentiale; Anzahl der erregten Rezeptoren
Räumlichkeit (Ort)	Ortsmuster der Erregung; Topografische Organisation; Rezeptive Felder
Zeitlichkeit (Dauer, Beginn/Ende)	Zeitmuster der neuronalen Erregung

Die Tab. 1.1 stellt die subjektiven Parameter der Empfindung ihren physiologischen Korrelaten gegenüber. Dies ist eine Zusammenfassung der oben beschriebenen Definitionen.

2

Sinnesreize

Nicht alle physikalischen oder chemischen Reize, die in unserer Umwelt vorkommen, werden wahrgenommen. Die Rezeptoren stellen spezialisierte Nerven- oder Epithelzellen dar, deren Empfindlichkeit aufgrund ihrer evolutionären Entwicklung an die Bedürfnisse des jeweiligen Organismus angepasst ist, damit unterschiedliche Aspekte der Umwelt wahrgenommen werden können. Beispielsweise reagieren die Fotorezeptoren des menschlichen Auges auf elektromagnetische Strahlung mit einer Wellenlänge in dem Bereich zwischen 400 und 700 nm, was den subjektiv wahrgenommenen Farben von Blau bis Rot entspricht. Verschiedene Tiere können jedoch auch Strahlen unter 400 nm (Ultraviolett, UV) oder über 700 nm (Infrarot) sehen.

Insekten orientieren sich an UV-Strahlung und Schlangen können Wärme im Infrarotbereich sehen, so wie wir es nur mithilfe von Wärmebildkameras können. Fledermäuse sind in der Lage, sich mit Ultraschall zu orientieren, und Elefanten hören Infraschall, während Menschen diese Frequenzen nicht hören können. Haie oder auch Fische, die in großer Tiefe und in Dunkelheit leben, besitzen ein sogenanntes Seitenlinienorgan, mit dem sie Veränderungen von elektrischen Feldern spüren und sich daran orientieren. Viele Zugvögel finden ihren Weg, weil sie in der Lage sind, das Magnetfeld der Erde wahrzunehmen und Hunde oder Rehe besitzen einen ausgeprägten Geruchssinn.

Die verschiedenen Sinnesmodalitäten und ausgelösten Wahrnehmungen sowie die Eigenschaften der adäquaten Reize und die zugehörigen Rezeptoren sind in Tab. 2.1 zusammengefasst. Es ist klar, dass ähnliche physikalische Einflüsse durchaus unterschiedliche Wahrnehmung auslösen können: Passende mechanische Änderungen können zum Hören oder zum Fühlen führen, elektromagnetische Wellen können als Farbe oder als Wärme empfunden werden.

Wie Tab. 2.1 zeigt, reagieren unsere Sinnesrezeptoren entweder auf Licht (Fotorezeptoren), Temperatur (Thermorezeptoren), mechanische Änderungen (Berührungen der Haut oder auch Hören und Gleichgewicht) oder chemische Reize (Geschmack und Geruch). Die Schmerzrezeptoren stellen eine eigenständige Klasse dar. Sie reagieren hauptsächlich auf gewebeschädigende Einflüsse. Die Weltschmerzorganisation (IASP; International Association for the Study of Pain) definiert Schmerz als ein unangenehmes Sinnes- und Gefühlserlebnis, das mit einer tatsächlichen oder drohenden Gewebeschädigung verknüpft ist bzw. mit Begriffen einer solchen Schädigung beschrieben wird.

Viele der Unterschiede zwischen verschiedenen Tieren beruhen auf den unterschiedlichen Umweltbedingungen in den verschiedenen Lebensräumen. Speziell angepasste Sinnesleistungen haben sich im Laufe der Evolution über sehr lange Zeiträume durch Selektion herausgebildet. Nur Umweltreize, die für die jeweilige Art überlebenswichtig waren, erregen die zugehörigen Sinnesorgane, die daran optimal angepasst sind. Deswegen nehmen wir die Umwelt völlig anders wahr als Tiere. Beispielsweise besitzen Katzen und Hunde ein recht eingeschränktes Farbensehen und eine geringe **Sehschärfe,** zum Ausgleich orientieren sie sich wesentlich besser mit anderen Sinnessystemen wie

Tab. 2.1 Sinnesmodalitäten, Empfindungsqualitäten, adäquate Reize und Rezeptortypen

Sinnesmodalität	Empfindungsqualität	Reizqualität	Rezeptoren
Sehen	Hell/dunkel; Farben	Elektromagnetische Wellen (400–700 nm)	Fotorez.
Temperatur	Warm/Kalt	Infrarotstrahlung Konvektiver Wärmetransport	Thermorez.
Mechanosensibilität	Druck, Berührung, Vibration	Mechanische Verformung von Teilen des Rezeptors	Mechanorez.
Hören	Tonhöhe	Verformung (Frequenz: 16 Hz–16 kHz)	Mechanorez.
Statokinetischer Sinn; Gleichgewicht	Körperlage; Lage und Bewegung von Gelenken und Körperteilen; Beschleunigung; Kraftempfindung	Verformung	Mechanorez.
Geruch	Verschiedene Gerüche	Flüchtige chemische Substanzen	Chemorez.
Geschmack	Süß/sauer/salzig/bitter/„umami"/seifig/metallisch	Lösliche chemische Substanzen	Chemorez.
Schmerz (Nozizeption)	Schmerz	Meistens gewebeschädigende Einwirkungen	Nozizeptoren

beispielsweise dem Geruch oder dem Gehör. Wie ein Tier seine Lebenswelt tatsächlich wahrnimmt, lässt sich deshalb für uns nicht wirklich angemessen und korrekt nachempfinden.

Neben den beschriebenen Modalitäten existiert eine große Anzahl von unbewussten Sinnesempfindungen, die von spezialisierten Zellen in den inneren Organen registriert und verarbeitet werden, wie beispielsweise die Dehnung von Magen oder Lunge, der pH-Wert oder der Sauerstoff- und Kohlendioxidgehalt des Blutes. Diese Informationen über automatisch ablaufende Prozesse bleiben für uns sinnvollerweise unbewusst – wir müssen das alles nicht wirklich wissen – und dienen in vielen komplexen Regelkreisen der Aufrechterhaltung von lebenswichtigen Körperfunktionen. Nur bei Erkrankungen bemerken wir die Fehlfunktion unserer inneren Organe, meist in Form von Schmerzen, die für uns eine Warnfunktion besitzen.

2.1 Praktische Erfahrung fördert das Begreifen

Wie uns die Lernpsychologie lehrt, ist ein Gegenstand oder ein Thema erst dann voll erfasst, wenn ein Beobachter Informationen gleichzeitig über mehrere Sinneskanäle erlangt hat. Der Einsatz von Sehen, Hören und Fühlen führt dazu, dass ein Stoff im wahrsten Sinne des Wortes „begriffen" wird. Deswegen besitzen praktische Übungen, wie sie im Bereich der Wahrnehmungspsychologie und der Medizin zum Studium gehören, einen wichtigen Stellenwert. Man kann sich natürlich Faktenwissen durch Lesen und Hören aneignen; dies kann jedoch die praktische Erfahrung nicht ersetzen. Für den modernen Unterricht hat sich die Lehrstrategie des multimodalen Lernens durchgesetzt. Dies ist eine Methode, bei der verschiedene Medien und Lehrmittel verwendet werden. Die Grundidee ist, nicht nur Texte in einem Buch oder einem Vortrag einzusetzen, sondern diese mit Videos, Bildern, Audiodateien und vor allem mit praktischen Übungen zu kombinieren. Eine solche Art des Lernens ist immer effizienter und erfolgreicher als eine einseitige theoretische Auseinandersetzung mit dem Lernstoff.

Sie können beispielsweise über das Farbensehen oder über Wahrnehmungstäuschungen viel aus Büchern erfahren, aber erst, wenn Sie dies an sich erleben oder bei einer Versuchsperson untersuchen, verstehen Sie die Phänomene wirklich. In einer Zeit, in der elektronische Medien, das Internet und Simulationsprogramme verfügbar sind, sollte man sich nicht nur auf diese verlassen. Niemand käme auf die Idee, Leichtathletik, Schwimmen oder Radfahren nur theoretisch durch das Lesen von Ratgebern zu erlernen. Dasselbe gilt für handwerkliche oder künstlerische Tätigkeiten. Wie man eine Vase aus Ton formt oder wie man ein Ölgemälde malt, darüber kann man viel lesen, aber erst die praktische Tätigkeit führt zu wirklichem Wissen und Können. Einem Arzt, der praktische Erfahrung mit der Messung von Reflexen, Blutdruck und EKG oder dem Nachweis von Seh- und Hörstörungen hat, wird man wohl mehr Vertrauen entgegenbringen als jemandem, der nur die Theorie kennt. Aus diesem Grund sind praktische Übungen zur Anatomie, Biochemie und Physiologie sowie in den klinischen Fächern in den Lehrplänen des Medizinstudiums fest verankert.

Der vorliegende Text ist als Ergänzung zu dem theoretischen Wissen gedacht, das durch Lehrbücher oder Vorlesungen und Seminare vermittelt wird. Nähere und ausführliche Information zu den Grundlagen und den Hintergründen der erläuterten Prozesse findet sich in den „klassischen" Lehrbüchern der *Allgemeinen Psychologie* und der *Sinnesphysiologie.*

Die verschieden beschriebenen Experimente können zum Teil als Selbstversuch durchgeführt werden, um die Effekte direkt zu erfahren und zu erleben (z. B. Blinder Fleck, Gleichgewicht, Vibrationswahrnehmung, Geschmack usw.). Bei anderen Untersuchungen testet man einen Probanden oder eine Gruppe von Versuchspersonen. Beispielsweise sind die Ergebnisse der Purkinje-Verschiebung oder des Richtungshörens eindeutiger, wenn man viele Messungen auswertet. Außerdem erkennt man dabei die Variationsbreite der Effekte bei gesunden Menschen.

Wie erwähnt, wird in diesem Text weitgehend bewusst darauf verzichtet, englischsprachige Originalliteratur zu zitieren. Es gibt viele medizinische Lehrbücher, in denen die physiologischen und anatomischen Grundlagen sowie die Ergebnisse der Sinnes- und Neurophysiologie dargestellt sind, von denen hier nur einige genannt werden [1, 2, 4].

Die Sinnesphysiologie ist auch ein wichtiger Bestandteil der *Allgemeinen Psychologie,* und zahlreiche experimentelle wissenschaftliche Untersuchungen werden in den Büchern zur Wahrnehmungspsychologie referiert [3, 5].

Von Campenhausen [9] stellt in seinem leider seit vielen Jahren vergriffenen Werk viele verschiedene sinnesphysiologische Experimente vor. Neuere detaillierte Darstellungen der Grundlagen und Ergebnisse der Hörphysiologie, der Hautsinne und von Geschmack und Geruch [6–8] sind kürzlich erschienen. All diese Bücher enthalten zahlreiche und ausführliche Hinweise auf die Grundlagen sowie die oft sehr speziellen und meist englischsprachigen wissenschaftlichen Veröffentlichungen.

3

Sehen

Das Sehen zählt bei den Menschen wie bei vielen Wirbeltieren zu den wichtigsten Sinnen, weil es uns erlaubt, sich in der Umgebung zurechtzufinden. Allerdings orientieren sich Tiere auch stark an ihrem Geruchssinn, wie beispielsweise Hunde, am Hören, wie Fledermäuse, oder an elektromagnetischen Feldern, wie Zugvögel und Fische. Unsere höheren Hirnfunktionen wie Lesen und Schreiben beruhen ebenfalls in erster Linie auf dem Sehen.

Die adäquaten Reize sind elektromagnetische Wellen, die das Auge auch aus großer Entfernung erreichen (siehe Tab. 2.1): Wir können sowohl das Licht von Sternen, die sehr weit entfernt sind, als auch Gegenstände in der Nähe sehen. Die Verarbeitung der Sehreize ist überaus komplex und kann auch deswegen durch viele Faktoren beeinflusst werden. Die unterschiedlichen Wellenlängen des wahrnehmbaren Lichts sind eng gekoppelt an unsere *Farbwahrnehmung*. Weißes Licht besteht aus allen für uns sichtbaren Wellenlängen. Davon kann man kann sich überzeugen, wenn man weißes Licht mithilfe eines Prismas in seine Spektralfarben zerlegt. Diese werden meist mit den Regenbogenfarben Rot, Orange, Gelb, Grün, Blau, Indigo und Violett bezeichnet. Die Spektralfarben sind Grundfarben, die sich nicht weiter in andere Farben zerlegen lassen. Deshalb spricht man auch von reinen Farben. Tageslicht enthält immer auch für uns nichtsichtbare Anteile wie Infrarot oder Ultraviolett.

Das sichtbare Spektrum reicht von kurzwelligem Licht, das blau erscheint, bis zu langwelligem Licht, das die Farbe Rot vermittelt. Drei unterschiedliche Fotorezeptoren, die nur bei Tageslicht aktiv sind, reagieren unterschiedlich empfindlich auf Blau, Grün und Rot. Bei der Mischung von Farben (**Farbmischung**) muss man jedoch zwischen der *additiven Farbmischung,* die ihre Basis in der physiologischen Funktion der Zapfen und den nachgeschalteten

Strukturen des Sehsystems hat und der physikalisch definierten *subtraktiven Farbmischung* unterscheiden.

Unsere Computer- und Fernsehmonitore funktionieren auf dem Prinzip der additiven Farbmischung und sind sogenannte RGB-Monitore, die einzelne Pixel für die Grundfarben Rot, Grün und Blau besitzen. Dabei ergibt eine Mischung von rotem und grünem Licht in der Netzhaut den – additiven – Seheindruck gelb, mischt man alle Farben, so entsteht weißes Licht. Im Gegensatz hierzu werden bei der subtraktiven Farbmischung bestimmte Wellenlängen ausgefiltert. Deshalb erhält man Schwarz, wenn man alle Farben mischt oder übereinander malt. Das bedeutet, dass unsere Wahrnehmung unterschiedlich ist, je nachdem, ob es sich um eine Überlagerung der verschiedenen Wellenlängen oder um die Absorption und Reflexion des Lichts handelt.

Schwarze Oberflächen reflektieren zwar kein Licht, dafür absorbieren sie es. Die aufgenommene Energie wird dann in Wärme umgewandelt. Dies erklärt, warum schwarze Materialien warm werden.

Durch die **Adaptation** passt sich das Auge an unterschiedliche Lichtverhältnisse an. Dies kann sich in einer Empfindlichkeitserhöhung widerspiegeln, wie es beispielsweise in der Dämmerung geschieht; wir können aber auch unempfindlicher werden, wenn es sehr hell ist. Dies geschieht in allen Sinnesmodalitäten, um den Arbeitsbereich des jeweiligen Sinnessystems optimal an die Umwelt anzupassen.

Verschiedene Strukturen des Sehsystems besitzen unterschiedliche Funktionen, die sehr einfache physikalische Reize in eine komplexe und sinnvolle Wahrnehmung überführen. Peripher gelegene Teile des Auges mit der Hornhaut (Kornea), Pupille, Linse und Glaskörper sorgen dafür, dass die Strahlen des Lichts scharf auf der Netzhaut (Retina) abgebildet werden. Hier werden die physikalischen Eigenschaften der Sehreize durch die Fotorezeptoren in neuronale Aktivität umgewandelt, die über den Sehnerv zu vielen speziellen Gebieten des Gehirns geleitet wird. Bereits in der Retina erfolgt eine Kontrastverschärfung oder die Codierung von Farben. Die Netzhaut ist in ihrer Funktion deutlich komplexer als ein fotografischer Film oder eine Digitalkamera, weil bereits im Auge die optischen Eindrücke neuronal vorverarbeitet und wichtige Details hervorgehoben werden. In spezialisierten Strukturen des Gehirns werden unterschiedliche Aspekte der Sehreize verarbeitet: Informationen über Form, Farbe, Bewegung, räumliche Tiefe und die Kombination der Seheindrücke unserer beiden Augen werden schlussendlich zusammengeführt und mit Erfahrungen und Gedächtnisinhalten kombiniert. Dies resultiert meist in der realistischen visuellen Wahrnehmung der Außenwelt; wir sehen keine einfachen, diffusen Lichterscheinungen und Farben oder Linien und Konturen, sondern konkrete, beschreibbare Dinge und Gegenstände, die unterschiedliche Form und Farbe besitzen, statisch oder bewegt sind und nah oder fern sein können.

3.1 Die Purkinje-Verschiebung

Frage

Ist Ihnen schon einmal aufgefallen, dass Farben unterschiedlich hell erscheinen, wenn wir sie nicht am Tag, sondern am Abend oder in der Dämmerung sehen? Dies wurde schon im 19. Jahrhundert von dem tschechischen Anatomen und Physiologen Jan Evangelista Purkyně[1] beschrieben, als er bei seinen Spaziergängen in den blühenden böhmischen Feldern unterwegs war. Er bemerkte, dass seine Lieblingsblumen, die roten Mohnblumen, an einem sonnigen Nachmittag hellrot erschienen, aber im Morgengrauen sehr dunkel wirkten.

Wie verändert sich unser Sehen, wenn sich die Helligkeit ändert? Im Dunkeln sehen wir schlechter als im Hellen, weil dann unterschiedliche Arten von Fotorezeptoren aktiv sind. Neben der allgemeinen Lichtempfindlichkeit verändert sich auch unser subjektiver Eindruck, welche Farben wir als heller oder dunkler wahrnehmen. Dies lässt sich relativ einfach überprüfen.

Durchführung und Ergebnisse

Versuchen Sie oder eine Versuchsperson, eine Reihe von farbigen Karten bei sehr schwacher Beleuchtung nach ihrer Helligkeit zu ordnen. Es muss so dunkel sein, dass man die Farben nicht erkennen kann. Die vorbereiteten Karten sind violett, blau, blau-grün, mittelgrün, hellgrün, gelb, ocker, orange, rot. Sie können sie ganz einfach selbst herstellen, wenn Sie entsprechende Aquarell- oder Acrylfarben verwenden. Eine Alternative sind farbige Wollfäden.

Die Ergebnisse der gewählten Reihenfolge werden in einer Tabelle notiert. Anschließend werden die gleichen Karten bei normaler Raumbeleuchtung nochmals nach ihrer Helligkeit geordnet. Es ist wichtig, dass die Probanden sich nicht an der Farbe, sondern nur an der Helligkeit orientieren. Die Rangordnung der Helligkeit wird anschließend in ein Koordinatensystem eingetragen (siehe Schema in Abb. 3.1; „1" = am dunkelsten, „9" = am hellsten), einmal für die erhaltenen Werte in der Dämmerung (skotopisch) und einmal für die Werte bei Tageslicht oder künstlicher Beleuchtung (photopisch).

---

[1] Jan Evangelista Purkyně (1787–1869), deutsch-tschechischer Physiologe, Histologe und Embryologe.

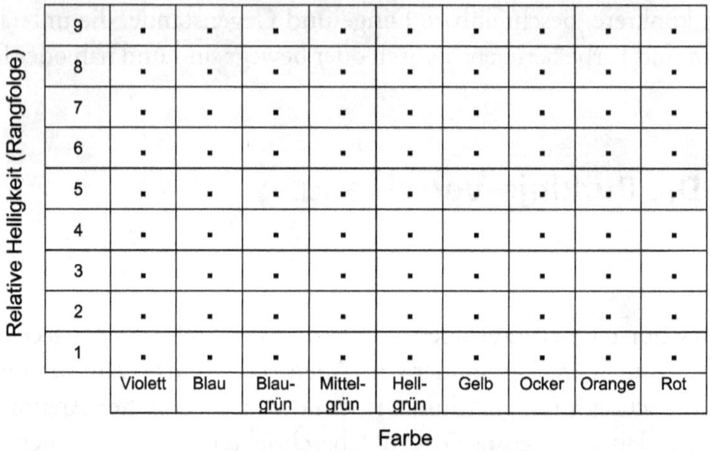

	Violett	Blau	Blau-grün	Mittel-grün	Hell-grün	Gelb	Ocker	Orange	Rot
9	.	.	.	.	.	.	.	.	.
8	.	.	.	.	.	.	.	.	.
7	.	.	.	.	.	.	.	.	.
6	.	.	.	.	.	.	.	.	.
5	.	.	.	.	.	.	.	.	.
4	.	.	.	.	.	.	.	.	.
3	.	.	.	.	.	.	.	.	.
2	.	.	.	.	.	.	.	.	.
1	.	.	.	.	.	.	.	.	.

Relative Helligkeit (Rangfolge) — Farbe

Abb. 3.1 Schema für die Bestimmung der Purkinje-Verschiebung. Hier können Sie eintragen, wie hell die Versuchsperson die jeweilige Farbe bewertet. Wenn Sie dann die Punkte der erhalten Werte miteinander verbinden, erhalten Sie zwei Kurven, eine für die Bewertung im Hellen (photopisch) und eine für die Beurteilung im Dunkeln (skotopisch)

Menschen und ihre subjektive Wahrnehmung sind unterschiedlich, deshalb empfiehlt es sich, die Werte mehrerer Probanden zu mitteln, damit man den Effekt deutlicher sehen kann.

Erklärung und Bedeutung

Je nach Lichtbedingungen sind in der Netzhaut des Menschen unterschiedliche Fotorezeptoren aktiv. Beim Dämmerungssehen werden die Stäbchen aktiviert, die sehr empfindlich sind. Die Zapfen (nicht Zäpfchen!), von denen es drei verschiedene Typen für die Grundfarben (Rot, Grün und Blau) gibt, werden erst bei größerer Lichtintensität erregt. Insgesamt sind die Stäbchen der Retina bei Licht mit *niedrigerer Wellenlänge* (was der wahrgenommenen Farbe Blau entspricht) empfindlicher als die Zapfen. In der Dämmerung gewöhnen (adaptieren) sich die Fotorezeptoren an die niedrige Lichtintensität. Nun sind die Stäbchen aktiv, und Blaues erscheint heller als Rotes; bei Tageslicht ist dies umgekehrt. Diese Veränderung der Empfindlichkeit wird nach Purkyně im deutschen Sprachraum als Purkinje-Verschiebung benannt und ist in Abb. 3.2 schematisch dargestellt. Sie können nun die Form Ihrer Ergebnisse damit vergleichen. Je mehr Probanden Sie testen und die Messwerte mitteln, desto mehr nähert sich Ihre Kurve der in der Abbildung illustrierten an.

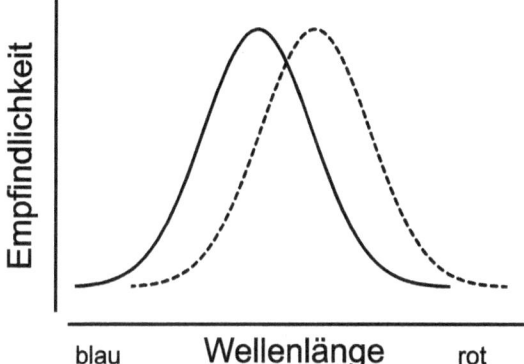

Abb. 3.2 Schematische Darstellung der Purkinje-Verschiebung. Bei niedrigeren Wellenlängen (wie Blau) reagieren beim skotopischen Sehen (Dämmerungssehen) die Stäbchen der Netzhaut empfindlicher; bei höheren Wellenlängen (wie Rot) werden die farbsensitiven Zapfen beim photopisch Sehen (Tagessehen) aktiviert. Die durchgezogene Linie zeigt die Empfindlichkeit der Stäbchen, die gestrichelte die der Zapfen

Die Intensität einer Lichtquelle ist eine physikalische Eigenschaft, während die jeweilige Empfindlichkeit der Rezeptoren die subjektiv empfundene Helligkeit bestimmt. Das ist die Grundlage für den beobachteten Effekt.

Den Effekt der Purkinje-Verschiebung macht man sich zunutze, wenn es darum geht, die Dunkeladaptation zu erleichtern und zu beschleunigen. In U-Booten wird Rotlicht verwendet, wenn Nachtbeobachtungen geplant sind. Der Grund dafür liegt in der Tatsache, dass bei rotem Licht die Stäbchen wenig beansprucht werden. So ist das Auge besser für das Sehen im Dunkeln angepasst. Aus demselben Grund herrscht im Fotolabor Rotlicht.

3.2 Sehen im Dunklen – Dunkeladaptation

Frage

Wie wir gesehen haben, ändert sich unsere Wahrnehmung von Farben, wenn es dämmerig wird. Gibt es auch andere Unterschiede? Wie passen sich unsere Augen an unterschiedliche Lichtverhältnisse an? Warum sind nachts alle Katzen grau?

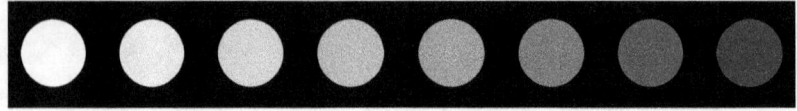

Abb. 3.3 Vorlage zum Testen der Dunkeladaptation

Durchführung und Ergebnisse

In einem abgedunkelten Raum, in dem es sehr dunkel ist, können Sie die Empfindlichkeitsänderung Ihrer Augen testen. Es soll aber nicht völlig dunkel sein: In der Abb. 3.3 sollte man zu Beginn den weißen Kreis auf der linken Seite gerade noch erkennen können. Bleiben Sie längere Zeit in einem dunklen Raum sitzen, so können Sie bemerken, wie sich die Empfindlichkeit erhöht. Im Laufe von 20 bis 30 min erkennt man nach und nach die anderen Kreise, die zu Beginn unsichtbar waren, sodass man am Ende alle acht Kreise sehen kann. Es hilft, nicht direkt auf die einzelnen Kreise zu schauen, sondern etwas daneben.

Erklärung und Bedeutung

Wenn es plötzlich dunkel wird, beispielsweise wenn wir aus dem hellen Tageslicht in einen abgedunkelten Raum treten, können wir zunächst kaum etwas sehen. Halten wir uns eine Zeitlang in der Dämmerung oder im Dunkeln auf, so gewöhnen sich unsere Augen daran. Diese Dunkeladaptation verläuft in zwei Phasen. Zu Beginn – etwa in den ersten fünf Minuten – geschieht die Verbesserung des Sehens relativ schnell, aber um so empfindlich zu sein, dass man auch die dunkelsten Kreise erkennen kann, benötigt man wesentlich mehr Zeit. Um komplett adaptiert zu sein, dauert es etwa 40 bis 60 min. Dann ist man in der Lage, auch sehr schwache Sehreize wahrzunehmen.

Der zeitliche Verlauf der Adaptation ist also für unterschiedliche Fotorezeptoren unterschiedlich. Das System der farbempfindlichen Zapfen (etwa 6 Mio. im menschlichen Auge) verändert sich rasch in seiner Empfindlichkeit, aber nur bis zu einer bestimmten Lichtintensität. Danach werden die für das Dämmerungssehen zuständigen Stäbchen, von denen es in der menschlichen Netzhaut etwa 120 bis 130 Mio. gibt, aktiv. Liegt die Lichtintensität sehr niedrig, reagieren unsere farbempfindlichen Rezeptoren nicht mehr. Deshalb stimmt es: „Nachts sind alle Katzen grau".

Neben der unterschiedlichen Empfindlichkeit der Fotorezeptoren spielen auch neuronale Prozesse in der Netzhaut eine Rolle, wobei sich die Struktur und die Funktion der rezeptiven Felder verändern.

3.3 Sehen in der Nacht

Frage

Ihnen ist sicher aufgefallen, dass Sie bei schwachem Licht schlechter lesen können als bei Tageslicht. Bei schwacher Beleuchtung ändert sich offenbar nicht nur unser Sehen von Farben, sondern auch unser allgemeines Empfinden von Licht. Dies wirkt sich jedoch nicht überall auf unserer Netzhaut gleich aus.

Durchführung und Ergebnisse

Suchen Sie sich in einer klaren, wolkenlosen Nacht am Himmel einen sehr schwach leuchtenden kleinen Stern aus. Wenn Sie ihn direkt fixieren, dann verschwindet er; Sie sehen ihn nicht mehr. Schaut man jedoch etwas daneben, so taucht er wieder auf.

Hellere und größere Sterne können wir hingegen auch sehen, wenn wir sie direkt betrachten.

Erklärung und Bedeutung

Diese etwas überraschende Beobachtung kann aufgrund der Beschreibung im Abschn. 3.2 erklärt werden, weil in der Dämmerung nicht die Zapfen, sondern die Stäbchen aktiv sind.

Die bei wenig Licht aktiven Stäbchen der Netzhaut befinden sich – im Gegensatz zu den Zapfen – nicht an der Stelle des schärfsten Sehens (Sehgrube oder **Fovea centralis**), sondern in einer ringförmigen Zone, die etwa 3 mm von der Fovea centralis entfernt liegt. Diese Rezeptoren werden bei geringer Helligkeit aktiv; bei hellem Tageslicht können sie nicht zum Sehen beitragen. In der Sehgrube sind keine Stäbchen vorhanden, sondern nur die Zapfen. Auch deswegen herrscht hier eine hohe Sehschärfe und wir können Farben sehen. Kleine und schwache Lichtreize können von diesem Bereich der Netzhaut nicht wahrgenommen werden.

Man muss also etwas neben das Ziel schauen, damit das Licht auf die Stäbchen fällt. Ist die Lichtquelle etwas heller, so kann diese über die bei Tageslicht aktiven Zapfen wahrgenommen werden.

3.4 Bestimmung des Blinden Flecks

Frage

Von dem sogenannten *Blinden Fleck* haben Sie bestimmt schon gehört. Sie können sich relativ einfach davon überzeugen, dass er überraschend groß ist, obwohl wir ihn normalerweise nicht bemerken.

Wie Ihnen vielleicht bekannt ist, verlässt der Sehnerv das Auge an der sogenannten Papille, dem Sehnervenkopf. Dort gibt es keine Netzhaut und deshalb keine Fotorezeptoren, sodass an dieser Stelle des Auges nichts gesehen werden kann. Dies ist der Grund für die Bezeichnung *Blinder Fleck,* der nach seinem Entdecker E. Mariotte[2] auch *Mariotte-Fleck* genannt wird. Wie groß ist dieser Blinde Fleck? Wo können wir ihn im **Gesichtsfeld** finden?

Durchführung und Ergebnisse

Es gibt verschiedene Möglichkeiten, den Blinden Fleck nachzuweisen. Die einfachste ist in Abb. 3.4 gezeigt. Wenn man das linke Auge schließt und mit dem rechten Auge das Kreuz fixiert, kann man den Abstand zum Buch verändern, indem man mit dem Kopf vor oder zurückgeht, bis der Punkt verschwunden ist. Dasselbe funktioniert mit dem linken Auge, während man das rechte zuhält und den Punkt fixiert und bestimmt, wann das Kreuz verschwindet.

Abb. 3.4 Vorlage zum Entdecken des Blinden Flecks

---

[2] Edme Mariotte (1620–1684), französischer Physiker.

Um die Größe des Blinden Flecks genauer zu bestimmen, fixiert man mit einem Auge einen Punkt auf einem Blatt Papier. Am einfachsten legt man den Papierbogen auf eine Tischplatte. Eine kleine schwarze Marke, die an der Spitze eines Bleistifts oder Holzstäbchens angebracht ist, wird dann langsam von außen nach innen in Richtung des Fixationspunkts bewegt. Der Proband gibt an, wenn er die Marke sehen kann. Nachdem der Blinde Fleck sich temporal (in Richtung Schläfe) befindet, ist es sinnvoll, dort zu beginnen. Danach testet man die anderen Richtungen. Für das rechte Auge beginnt man von rechts außen (= temporal), danach bewegt man die Marke von links nach rechts (nasal, in Richtung Nase) und von oben nach unten und von unten nach oben. Abschließend werden die diagonalen Richtungen getestet.

Die Orte, an denen der Proband die Marke sieht, markiert man auf dem Papier und verbindet diese Punkte miteinander. So erhält man die Form seines Blinden Flecks. Diesen Bereich kann man auch an sich selbst bestimmen. Auf diese Weise lässt sich ermitteln, wie weit der Blinde Fleck von der Fovea centralis, der Stelle der schärfsten Sehens, entfernt ist und wie groß er ist. Dies lässt sich relativ einfach berechnen. Per Definition liegt die Stelle des schärfsten Sehens genau in der Mitte des Gesichtsfelds, also bei 0°. Mit dem Strahlensatz lassen sich diese Werte in Bezug auf die mm-Werte der Netzhaut berechnen. Dies ist in Abb. 3.5 illustriert.

Das Verhältnis der Strecken *FB* (Abstand vom Fixierpunkt) auf dem Papier und *fb* (Abstand von der Fovea centralis im Auge) ist gleich dem Betrachtungs-

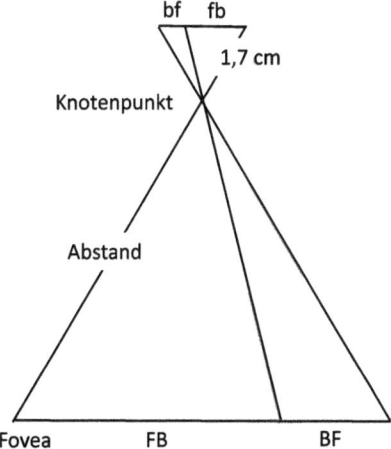

Abb. 3.5 Strahlensatz zur Bestimmung des Blinden Flecks. FB = Abstand Fixierpunkt – Blinder Fleck; BF = Durchmesser Blinder Fleck; fb und bf beziehen sich auf die gleichen Strecken im Auge

abstand zu der Entfernung zwischen dem Knotenpunkt und der Netzhaut. Dieser kann als 1,7 cm angenommen werden.

Es gilt also $\frac{FB}{fb} = \frac{Abstand}{1,7}$; woraus folgt $fb = 1,7 * \frac{FB}{Abstand}$. Bei einer Betrachtungsentfernung von 40 cm und FB mit einem Wert von 10 cm ergibt sich ein Abstand Fovea – Blinder Fleck von 4,25 mm. In ähnlicher Weise erhält man für einen Durchmesser von 3,5 cm einen Wert von 1,48 mm auf der Netzhaut. Mit diesen Angaben kann man nun seine eigenen Werte berechnen.

Erklärung und Bedeutung

An der Stelle, an der der Sehnerv aus dem Auge austritt, findet man keine Fotorezeptoren. Der dadurch verursachte Blinde Fleck ist relativ groß, er wird jedoch normalerweise nicht bemerkt. Dies lässt sich dadurch erklären, dass der Blinde Fleck der beiden Augen jeweils temporal im Gesichtsfeld (das bedeutet nasal im Auge) liegt, sodass beim beidäugigen Sehen dieser Bereich von dem jeweils anderen Auge ausgeglichen wird. Außerdem gibt es auf der Ebene der Sehrinde das sogenannte „filling-in" („Einfüllen"), das die fehlende Information aus dem Seheindruck der unmittelbaren Nachbarschaft im Gesichtsfeld errechnet. Bei einer Vorlage, die ein regelmäßiges Muster wie zum Beispiel eine Tapete zeigt, fällt nicht auf, wenn kleine Bereiche fehlen; sie werden durch Prozesse des Gehirns ausgeglichen. Außerdem stehen unsere Augen niemals still, sondern wir bewegen sie dauernd unbewusst, sodass ein Sehreiz normalerweise nicht dauerhaft auf den Blinden Fleck fällt. Diese kleinen schnellen Augenbewegungen werden als *Mikrosakkaden* bezeichnet; der Begriff **Sakkade** bezeichnet eine ruckartige, rasche und meist zielgerichtete Bewegung der Augen. Außerdem ersetzt das Gehirn die fehlenden Seheindrücke durch Information aus der Umgebung und dem Sehen des anderen Auges. Deswegen bemerken wir den Blinden Fleck in unserem Gesichtsfeld normalerweise überhaupt nicht.

Der Blinde Fleck entspricht im Auge der sogenannten Papille, dem Sehnervenkopf. An dieser Stelle verlässt der Sehnerv das Auge. Die Papille kann vom Augenarzt mit einem Augenspiegel begutachtet werden. Dabei lassen sich auch pathologische Auffälligkeiten erkennen. Eine Degeneration des Sehnervs nach einer Verletzung oder ein erhöhter Druck im Auge (Glaukom oder Grüner Star) und auch ein erhöhter Hirndruck beeinflussen das Aussehen der Papille. Deshalb kann diese recht einfache Untersuchung auch dem Neurologen Hinweise auf krankhafte Veränderungen im Gehirn geben.

3.5 Ein Kontrasteffekt: Die Mach-Bänder

Frage

Oft sehen wir etwas, das in Wirklichkeit gar nicht vorhanden ist, denn unser Sehsystem arbeitet anders als ein Fotoapparat. In diesem Versuch erfahren Sie, wie der Helligkeitseindruck durch angrenzende Flächen beeinflusst wird. Ihr subjektives Sehen ist anders als die uns umgebende physikalische Welt.

Durchführung und Ergebnisse

Wenn Sie die dunklen Balken in Abb. 3.6 betrachten, sehen Sie am Übergang von dunkel nach hell an den Enden des Übergangsbereiches keine konstant bleibende Helligkeit: An der hellen Seite wird ein etwas dunklerer Streifen und auf der dunklen Seite ein etwas hellerer Streifen wahrgenommen. Je nach der Helligkeit der angrenzenden Flächen erscheinen die Streifen an den Kanten heller oder dunkler.

Man kann sich davon überzeugen, dass diese Linien nicht physikalischer Natur sind, wenn man die Nachbarflächen mit einem Stück Papier abdeckt. Die einzelnen Bereiche besitzen in Wirklichkeit einen homogenen Grauton.

Abb. 3.6 Illustration der Mach-Bänder. An den aneinandergrenzenden Bereichen sieht man etwas hellere oder dunklere Linien als in den grauen Flächen

Erklärung und Bedeutung

Dieses Kontrastphänomen wird nach seinem Entdecker, dem Physiker und Philosophen Ernst Mach[3], der sich auch mit der Sinnesphysiologie beschäftigte, benannt. In den Übergangsbereichen zwischen den grauen Bändern wird der Kontrast verstärkt, denn der hellere Bereich erscheint an der Kante noch etwas heller oder der dunklere Bereich noch etwas dunkler als in der Fläche. Dadurch haben wir eine höhere Empfindlichkeit an den kontrastreichen Kanten, deren Kontrast durch physiologische Prozesse in unserem Sehsystem verstärkt werden.

Dies kann durch die **laterale Hemmung** der Nervenzellen der Netzhaut erklärt werden. Benachbarte Neurone hemmen immer jeweils ihren Nachbarn. In den gleich hellen Bereichen ist diese Hemmung gleichförmig, weil sich die Umgebung nicht unterscheidet. An den Übergangsbereichen ist der Einfluss jedoch im Ungleichgewicht; es gibt hier weniger Hemmung, sodass die Grenzen deutlicher hervortreten.

Elektronische Bildverarbeitungssysteme verwenden Algorithmen zur Kantenerkennung in ähnlicher Weise wie unser Gehirn, indem sie beispielsweise Kanten in Fotos mit unscharfer Maskierung rechnerisch verändern und verdeutlichen.

Die beschriebenen Mach-Bänder können jedoch auch zu diagnostischen Fehlern in der Radiologie führen, wenn beispielsweise vermeintliche Linien fälschlicherweise als Frakturspalt, d. h. eine Bruchlinie eines Knochenbruchs, beurteilt werden.

3.6 Simultaner Helligkeitskontrast

Frage

Wir können verschieden helles Licht oft nur schwer unterscheiden. Versuchen wir es: Wie beeinflusst die Umgebung eines Objekts die Wahrnehmung von Helligkeit? Das können wir leicht bestimmen.

---

[3] Ernst Mach (1838–1916), österreichischer Physiker, Philosoph und Wissenschaftstheoretiker. Forschung über Themen der Physik und der Wahrnehmung.

Durchführung und Ergebnisse

Wenn Sie die beiden Quadrate im oberen Teil der Abb. 3.7 anschauen, so wirkt das rechte heller als das linke. Dass die Quadrate in Wirklichkeit gleich hell sind, kann man nachweisen, wenn man den Hintergrund mit Papier abdeckt. Sie können in ein weißes Stück Papier oder Pappe zwei Löcher schneiden, sodass nur die beiden Quadrate gesehen werden können. Beide sind gleich hell. Der Effekt kann folglich nicht mit physikalischen Unterschieden erklärt werden.

Im unteren Teil der Abb. 3.7 ist der auftretende Helligkeitskontrast gezeigt, wenn sich das Umfeld kontinuierlich von schwarz nach hellgrau ändert. Die grauen Punkte erscheinen von links nach rechts immer dunkler, obwohl sie gleich hell sind.

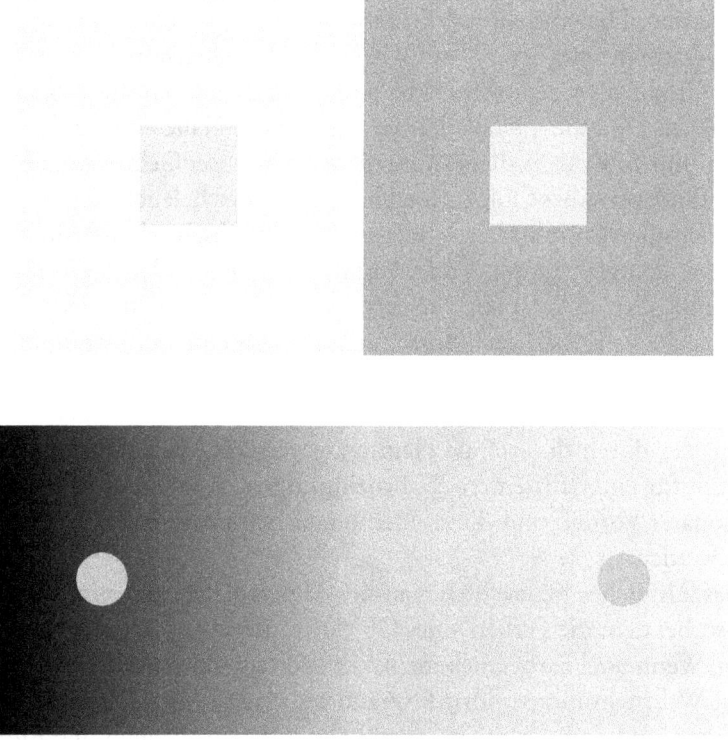

Abb. 3.7 Simultaner Helligkeitskontrast. Die beiden Quadrate in der Mitte sind gleich hell. Wenn man das Umfeld abdeckt, kann man sich davon überzeugen.

Erklärung und Bedeutung

Wie wir Helligkeiten wahrnehmen, hängt von dem jeweiligen visuellen Umfeld ab: Befindet sich ein Objekt in einer hellen Umgebung, empfinden wir es als dunkler als in einer dunklen Umgebung. Der Effekt wird als simultaner Helligkeitskontrast bezeichnet, weil die beiden unterschiedlich hellen Bereiche gleichzeitig gesehen werden.

Zu dem Effekt tragen verschiedene neuronale Mechanismen bei. Es konnte gezeigt werden, dass diese auf der Verarbeitung in der Netzhaut und nicht nur im Gehirn beruhen. Die Kontrastüberhöhung, die oben für die Mach-Bänder beschrieben wurde, ist dabei ein wichtiger Faktor. Die Ganglienzellen der Retina bilden als eine Art Ausgangsstation des Auges mit ihren Axonen den Sehnerv, über den die neuronale Information vom Auge zum Gehirn geleitet wird. Jede dieser Zellen – und dies gilt folglich auch für alle nachgeschalteten Neurone im Gehirn – kann nur von bestimmten Bereichen im Gesichtsfeld erregt werden. Diese rezeptiven Felder bestimmen, welche visuellen Informationen verarbeitet werden. Wenn wir einen Helligkeitsreiz betrachten, kann sich die Größe des rezeptiven Feldes ändern und dadurch die Wahrnehmung beeinflussen. Dies führt dazu, dass ein Reiz in der Nähe eines anderen anders wahrgenommen wird als allein. Außerdem strebt unser Gehirn nach Konstanz, um den Eindruck eines Objekts unabhängig von der Beleuchtung stabil zu halten. Als Simultankontrast bezeichnet man die Wechselwirkung von nebeneinanderliegenden Hell-Dunkel- oder Farbflächen. Dies erklärt die Veränderung, also eine Minderung oder eine Steigerung, des objektiv vorhandenen Kontrastes. Benachbarte Farben beeinflussen sich stets gegenseitig. Der Simultankontrast entsteht also vermutlich durch den Unterschied der Leuchtdichte (dem Helligkeitseindruck, der von einer beleuchteten Fläche ausgeht) zwischen zwei Flächen, der durch die laterale Hemmung verstärkt wird. Solche schwachen Kontraste für eine effizientere Wahrnehmung zu verstärken, ist offenbar ein evolutionärer Vorteil, und dieses Phänomen konnte auch bei Tieren nachgewiesen werden.

Etwas Ähnliches beobachtet man bei dem sogenannten simultanen Farbkontrast, bei dem die Farben eines Objekts durch ihre Umgebung beeinflusst werden. Wenn zwei Farben nebeneinander betrachtet werden, kann sich ebenfalls der Wahrnehmungseindruck verändern, was zu einem Kontrast zwischen den Farben und deshalb zu einer veränderten Farbwahrnehmung führt. Dies untersuchen wir im Abschn. 3.7.

3.7 Farbige Nachbilder

Frage

Alles, was wir sehen, bleibt eine kurze Zeitlang bestehen, wie auch die im Abschn. 3.24 beschriebenen Effekte illustrieren. Solche sogenannten Nachbilder haben immer auch Auswirkungen auf unsere Wahrnehmung. Wie können Sie diese nachweisen, und welche Funktion haben sie oder warum entstehen sie?

Durchführung und Ergebnisse

Wenn Sie längere Zeit (etwa eine Minute lang) den schwarzen Punkt in Abb. 3.8 oben zwischen der grünen und roten Fläche fixieren und dann auf den Punkt in der weißen Fläche schaut, sieht man links eine leicht rötliche und auf der rechten Seite eine grünliche Fläche. Diese Farben sind relativ schwach, aber deutlich sichtbar. Dasselbe macht man mit den gelben und blauen Quadraten im unteren Teil des Bildes. Hier erscheinen blaue und gelbe Flächen, deren Farben ebenfalls ungesättigt sind.

Andere Möglichkeiten, farbige Nachbilder zu erzeugen, sind Farbfilter. Diese lassen nur Licht einer bestimmten Wellenlänge passieren. Tragen Sie einige Minuten lang eine gefärbte Sonnenbrille, Schwimmbrille oder Skibrille oder halten Sie sich einen Farbfilter vor ein Auge. Nach einiger Zeit erscheint die Welt normal farbig. Wenn Sie die Brille nun abnehmen, so sehen Sie die Umgebung farbig getönt. Dabei tritt die jeweils komplementäre Farbe auf. Bei Rot ist dies Grün, bei Blau ist es Gelb (und jeweils umgekehrt).

Erklärung und Bedeutung

Was Sie wahrnehmen, sind negative Nachbilder, die durch die lokale Adaptation der Rezeptoren zustande kommt. Man kann sagen, dass die Sinneszellen des Auges beim Fixieren allmählich ermüden. Blickt man dann auf die weiße Fläche, dann sind die adaptierten Sinneszellen weniger aktiv, und die Aktivität der anderen Rezeptoren überwiegt.

Die dadurch erzeugten Farben der Nachbilder sind die sogenannten Gegenfarben. In der menschlichen Netzhaut sind es die Ganglienzellen, die Information von den Fotorezeptoren erhalten und die neuronale Erregung an das Gehirn weiterleiten. Diese Nervenzellen besitzen eine Verschaltung, bei der immer die Farbpaare gelb/blau oder rot/grün in Kombination auftreten. Mit

Abb. 3.8 Vorlagen zum Nachweis von farbigen Nachbildern. Man fixiert eine Minute lang den schwarzen Punkt zwischen der grünen und roten Fläche und blickt dann auf den Punkt in der weißen Fläche. Dasselbe macht man bei den gelben und blauen Quadraten im unteren Teil.

recht einfachen Versuchen können Sie die Bedeutung der neuronalen Verschaltung in der Netzhaut illustrieren. Überzeugen Sie sich, dass Ihre Nervenzellen im Auge jeweils auf ganz bestimmte Paare von Farben reagieren!

Die Nachbilder sind ein Wahrnehmungsphänomen, das nach Beendigung eines Lichtreizes bestehen bleibt. Dabei erscheinen bei Schwarz-Weiß-Darstellungen die hellen Teile dunkel und die dunklen hell, während bei farbigen Abbildungen ein Nachbild in den Komplementärfarben entsteht. Dies wird auch als sukzessiver (nacheinander auftretender) Helligkeits- oder Farbkontrast bezeichnet.

Den Effekt kann man auch beim Skifahren an sich beobachten. Trägt man längere Zeit eine grüne Skibrille, so erscheint beim Abnehmen der Brille der Schnee rosa.

Eine praktische Bedeutung der farbigen Nachbilder haben die Kleidung und die Tücher in Operationssälen, die meistens grün oder blau-grün sind. Diese Farben werden gewählt, um den beschriebenen Effekt zu unterdrücken: Betrachtet der Chirurg längere Zeit die rote Operationswunde, so sieht er beim anschließenden Blick auf einen weißen Hintergrund ein blaugrünes Nachbild. Auf einem grünen Untergrund wird dies unterdrückt.

3.8 Wenn Sehen verschwindet – Der Troxler-Effekt

Frage

Warum sehen Sie Ihre Nase oder den Rahmen einer Brille normalerweise nicht? Wie verändert sich das Sehen, wenn ein Reiz andauernd auf die gleiche Stelle der Netzhaut fällt? Hier erfahren wir, wie die Adaptation der Fotorezeptoren auf einfache Weise nachgewiesen werden kann.

Durchführung und Ergebnisse

Die Abb. 3.9 zeigt einen kontrastarmen grauen Ring. Wenn Sie einige Sekunden lang genau auf den schwarzen Fixationspunkt in der Bildmitte schauen, so verschwindet der Ring. Macht man eine größere Augenbewegung oder blinzelt man, so taucht der Ring plötzlich wieder auf.

Es gibt eine weitere Möglichkeit, diesen Effekt an sich selbst zu erleben: Man klebt sich kleine dunkle Papierstückchen so an die Nase, dass man sie sehen kann. Blickt man auf eines der Papierchen, so erscheint es wegen des geringen Abstands unscharf. Fixiert man dieses einige Sekunden lang, so verschwindet die Wahrnehmung der anderen Papierstückchen. Sobald man den Blick auf etwas anderes richtet, tauchen sie wieder auf.

Erklärung und Bedeutung

Wie alle Rezeptoren gewöhnen sich auch die Fotorezeptoren der Netzhaut an konstante Reize, und der Seheindruck verschwindet. Diese Adaptation der Rezeptoren wird normalerweise dadurch verhindert, dass wir und auch Tiere

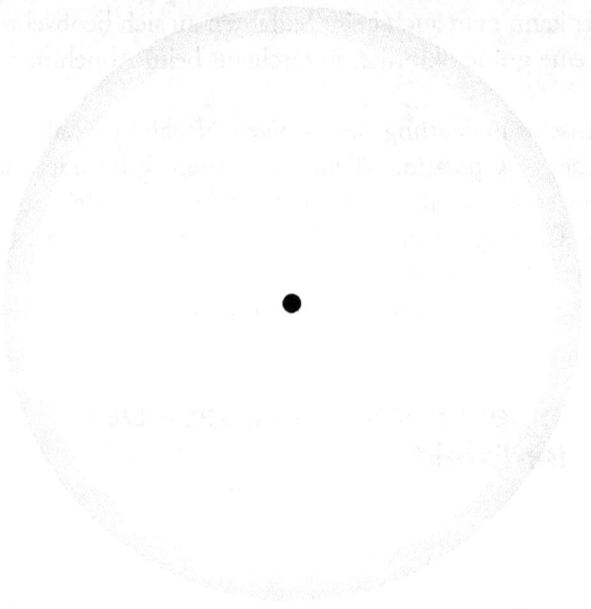

Abb. 3.9 Troxler-Effekt. Betrachtet man den schwarzen Fixierpunkt in der Bildmitte, so verschwindet der graue Ring nach einigen Sekunden

andauernd sehr kleine und schnelle Augenbewegungen machen, die als *Mikrosakkaden* bezeichnet werden. Die Bewegungen sind so gering, dass wir sie nicht bemerken können. Sorgt man mit einem Projektionssystem dafür, dass sich das Bild auf der Netzhaut zusammen mit dem Auge bewegt, so verschwinden die wahrgenommen Reize. Dies wurde als die Methode der „stabilisierten Netzhautbilder" bekannt.

In der Abbildung verschwindet der Kreis, weil dieser nur sehr unscharf und von niedrigem Kontrast ist, sodass die Mikrosakkaden die lokale Adaptation nicht verhindern können.

Der schweizerische Arzt und Philosoph Ignaz Paul Vital Troxler beschrieb dieses Phänomen, das nach ihm benannt wurde, bereits zu Beginn des 19. Jahrhunderts[4].

Wegen des Troxler-Effekts bemerkt man seine eigene Nase oder auch den Rahmen einer Brille nicht, obwohl diese sich ständig in unserem Blickfeld befinden.

---

[4] Troxler, I. P. V., Über das Verschwinden gegebener Gegenstände innerhalb unseres Gesichtskreises. Ophthalmologische Bibliothek, 1804, 2, 1–53.

3.9 Warum unsere Umwelt stabil erscheint

Frage

Sehen Sie sich in Ihrem Zimmer um. Dabei bewegen sich Ihre Augen immer sehr schnell. Trotzdem bleibt die Umgebung stabil, und sie bewegt sich nicht. Wie unterscheiden sich natürliche und künstlich verursachte Augenbewegungen? Wie ändert sich dadurch unser visueller Eindruck der Umwelt?

Durchführung und Ergebnisse

1. Extern erzeugte Augenbewegungen
Man schließt ein Auge und bewegt das andere durch leichten Druck mit dem Finger am Augenlid. Diese auf unnatürliche Art erfolgte Augenbewegung führt dazu, dass man eine scheinbare Bewegung der Umwelt wahrnimmt.

2. Die Stabilität von Nachbildern
In einem leicht abgedunkelten Raum fixiert man mit nur einem Auge eine längere Zeit eine starke Lichtquelle. Dadurch wird ein (negatives) Nachbild ausgelöst. Bewegt man nun das Auge, so bemerkt man, dass das Nachbild mit den Augenbewegungen mitwandert.

Das Auftreten von Nachbildern nach Adaptation untersuchen wir im Abschn. 3.7 genauer.

Erklärung und Bedeutung

Beide Beobachtungen lassen sich mit dem sogenannten **Reafferenzprinzip** erklären, das 1950 von Horst Mittelstaedt und Erich von Holst formuliert wurde[5]. Dies bezeichnet einen Regelvorgang des zentralen Nervensystems, der ermöglicht, erwartete Reize auszublenden. Damit lässt sich erklären, warum beispielsweise bei einer Augenbewegung die Umwelt unbeweglich wahrgenommen wird, obwohl die Vorgänge auf der Netzhaut sich nicht von einer Bewegung der Umwelt unterscheiden. Die Grundidee ist, dass die Befehle an die Muskeln, die Efferenzen, gleichzeitig als Kopie, die *Efferenzkopie*, an das sensorische System geleitet werden. Reafferenz bedeutet den Vergleich des Signals über die Bewegung auf der Retina mit der Kopie des Signals für die Augenbewegungen. Die Erregungen, die bei der Eigenbewegung des

---

[5] von Holst, E. & Mittelstaedt, H., Das Reafferenzprinzip. Naturwissenschaften, 1950, 37, 464–476.

Beobachters entstehen, werden genutzt, um Augenbewegungen und Bewegungen der visuellen Umwelt gegeneinander zu verrechnen, um einen stabilen Wahrnehmungseindruck zu erhalten. Derselbe Prozess erklärt, warum wir uns nicht selber kitzeln können (siehe Abschn. 6.5).

Bei den künstlichen, extern erzeugten Augenbewegungen fehlt die Efferenzkopie, und man hat den Eindruck, dass sich die Umwelt bewegt. Die ausgelösten Nachbilder sind auf der Netzhaut ortsfest und bewegen sich immer mit dem Auge mit.

3.10 Lichtempfindungen: Phosphene

Frage

Unser Auge reagiert nicht nur auf Licht. Wenn Sie sich die Augen reiben (oder bei einem Schlag auf das Auge), so sehen Sie kleine Lichtblitze. Offenbar lässt sich das Auge nicht nur mit Licht reizen. Warum ist das so?

Durchführung und Ergebnisse

Werden die Rezeptoren durch nichtadäquate Reize wie Druck oder elektrischem Strom, so werden dadurch Empfindungen ausgelöst, die der jeweiligen Sinnesmodalität entsprechen. Man deckt mit der flachen Hand ein Auge ab und fixiert mit dem anderen Auge einen Punkt. Dann drückt man mit einem Finger im Augenwinkel leicht auf das Auge. Man sieht nun ein **Phosphen** (Griechisch phõs = Licht und phaínesthai = erscheinen) in Form eines hellen grauen Flecks oder Rings.

Solche künstlich ausgelösten Empfindungen lassen sich auch bei der elektrischen Reizung der Zunge beobachten (siehe Abschn. 8.5).

Erklärung und Bedeutung

Wie alle Sinnesorgane, kann auch die Netzhaut nicht nur durch passende, adäquate, sondern auch durch inadäquate Reize erregt werden. *Phosphene* sind Lichtwahrnehmungen, die durch mechanischen Druck oder elektrischem Strom oder bei der **Transkraniellen Magnetstimulation (TMS)** entsprechender Hirnareale ausgelöst werden.

Ähnliche Lichterscheinungen kann man bei Migräne oder Epilepsie durch überschüssige neuronale Erregung und als Nebenwirkung von Medikamenten beobachten. Dies tritt manchmal auch beim raschen Aufstehen kurzzeitig auf, wenn der Blutdruck stark abfällt.

3.11 Die Reaktion der Pupillen

Frage

Sicher haben Sie schon einmal bemerkt, dass Ihre Pupillen am helllichten Tag kleiner sind als in der Dunkelheit. Die Pupillen verraten aber noch mehr: Ob ein Mensch aufmerksam ist oder gestresst, beeinflusst die Größe seiner Pupillen. Und auch die Attraktivität einer Person wird durch die Weite der Pupille beeinflusst, weite Pupillen wirken angenehmer. Deshalb werden Fotos oft nachbearbeitet.

Worauf und wie reagiert unsere Pupille? Verändert sich unser Empfinden von Helligkeit, wenn wir nur mit einem Auge sehen?

Durchführung und Ergebnisse

1. Direkte Pupillenreaktion
Sie können die Reaktion der Pupille auf Licht an einer anderen Person leicht prüfen. Dabei wird jedes Auge separat untersucht; das nichtgetestete Auge wird mit der Hand abgedeckt und befindet sich im Dunklen. Nun blickt die Versuchsperson auf eine Lichtquelle oder durch das Fenster nach draußen und deckt das Auge intermittierend ab. Ein Beobachter erkennt, wie sich die Pupille verkleinert und vergrößert.

2. Konsensuelle Pupillenreaktion
Mit einem Auge blickt man auf eine schmale Lichtquelle wie beispielsweise eine Taschenlampe und deckt das andere Auge intermittierend ab. Auch hierbei reagieren die Pupillen beider Augen. Wenn die Reaktion nicht auf diese Weise erfolgt, ist es immer ein Hinweis auf eine krankhafte Veränderung.

3. Akkommodative Pupillenreaktion
Man lässt die Versuchsperson in die Ferne schauen und dann einen Gegenstand (z. B. den Finger des Untersuchers) in etwa 15 cm vor dem Auge fixieren. Die Linse des Auges passt sich durch **Akkommodation** auf die unterschiedliche Entfernung des gesehenen Gegenstands an. Auch hierbei reagiert die Pupille mit einer Verengung.

4. Prüfung der eigenen Pupillenreaktion
Sie können die Reaktion Ihrer Pupille auf Licht auch direkt an sich selbst sehen: In ein kleines Stück schwarzen Kartons (ca. 5 × 5 cm groß) werden mit einer Nadel zwei kleine Löcher im Abstand von 1 bis 2 mm gestochen. Wenn man den Karton vor ein Auge hält und eine helle Fläche betrachtet, wirken die Löcher wie punktförmige Lichtquellen. Sie sehen jetzt zwei kleine Lichtkreise, deren Größe durch den Durchmesser der Pupille beeinflusst wird. Deckt man das andere Auge mit der Hand periodisch ab, erkennt man, dass sich die Belichtungskreise rhythmisch vergrößern und verkleinern. Die Kreise können sich auch überlappen.

Erklärung und Bedeutung

Die Aufgabe der Pupille ist, den Lichteinfall ins Auge zu regulieren und auch die Schärfe der Abbildung auf der Netzhaut zu verbessern. Vom Fotoapparat wissen wir, dass eine kleine Blende zu größerer Tiefenschärfe führt. Die Reaktion der Pupille erfolgt reflektorisch und kann beim Gesunden wie alle Reflexe nicht willkürlich unterdrückt werden. Deshalb ist auch die Bezeichnung *Pupillenreflex* üblich. Normalerweise sehen beide Augen in unserer Umgebung dasselbe bei gleicher Helligkeit, deshalb reagieren beide Pupillen immer in der gleichen Art, und ihre Funktion ist neuronal gekoppelt. Dies erklärt den konsensuellen Reflex, bei dem das jeweils andere Auge einen Effekt auf das getestete Auge ausübt. Die Pupillen beider Augen reagieren immer gleich. Wenn dies nicht der Fall ist, so muss eine neurologische Schädigung angenommen werden.

Die Naheinstellung der Linse des menschlichen Auges ist direkt an die Weite der Pupille gekoppelt. Blickt man in die Nähe, so verdickt sich die Linse, um die Brechkraft zu erhöhen; gleichzeitig verengt sich die Pupille. Dies hilft wie auch bei einer Kamera, die Qualität der Abbildung zu verbessern, weil nun störende Randstrahlen ausgeblendet werden.

Die Belichtungskreise, die man bei der Prüfung der eigenen Pupillenreaktion sieht, entsprechen dem Pupillendurchmesser. Deshalb kann man die Reaktion auch an sich selbst betrachten.

Die Prüfung der Pupillenreaktion ist Bestandteil vieler neurologischer und augenärztlicher Untersuchungen. Dieser Reflex spielt sowohl in der Notfallmedizin als auch in der Neurologie eine wichtige Rolle und gehört zur Standarddiagnostik bei Notfällen. Die Pupille reagiert nicht nur bei Lichteinfall reflektorisch, sondern auch bei der Einnahme von Drogen oder Medikamenten, und ihre Reaktion hängt von der Funktion verschiedener Hirnstrukturen ab. Die Untersuchung hilft deshalb auch bei der neurologischen Diagnose des Bewusstseinszustands.

Über die Pupille steuert das Auge also die Stärke des Lichteinfalls auf die Netzhaut. Dass sich die Pupille nicht nur durch Lichtreize, sondern auch durch Emotionen verändert, ist schon sehr lange bekannt: Sie erweitert sich, wenn wir aufgeregt sind, Angst haben, Ekel empfinden oder uns freuen.

Dies lässt sich ohne großen Aufwand zeigen: Bittet man Versuchspersonen, in einfache Strichzeichnungen schematischer Gesichter Pupillen einzeichnen, dann wird ein verärgertes Gesicht meistens mit kleinen und ein freudiges, attraktives Gesicht mit großen Pupillen versehen. Probieren Sie es aus!

Überraschenderweise haben wir stets denselben Helligkeitseindruck, auch wenn unsere Pupillen enger werden oder wenn wir nur mit einem Auge sehen.

3.12 Das Rauschen der Netzhaut – Eigengrau

Frage

Schließen Sie Ihre Augen. Was sehen Sie? Wahrscheinlich vermuten Sie, dass die Antwort „schwarz" oder „Dunkelheit" ist. Dunkelheit, die wir normalerweise mit Schwärze verbinden. Aber sehen Sie wirklich schwarz? In Wirklichkeit nehmen wir eher eine graue Farbe wahr, das sogenannte *Eigengrau*. Also sieht man auch ohne Licht etwas im Dunklen.

Durchführung und Ergebnisse

Hält man sich längere Zeit in einem völlig dunklen Raum auf, so erscheint das Gesichtsfeld nicht schwarz, sondern es erscheint in einem mittleren Grau. Man sieht räumlich und zeitlich veränderliche helle Schleier oder Lichtpunkte und geordnete Strukturen. Manche Menschen, die dazu veranlagt sind, können in diesen Strukturen auch Gesichter oder menschliche Gestalten erkennen. Dies erinnert an die Gestaltwahrnehmung, weil unser Sehsystem immer versucht, auch in einfachen Lichtreizen etwas Sinnvolles zu entdecken (siehe auch Versuch zu Abschnitt. 3.23).

Erklärung und Bedeutung

Das sogenannte *Eigengrau* ist eine visuelle Empfindung ohne äußeren Reiz, also die Farbe, die man in völliger Dunkelheit sieht. Es wird als heller wahrgenommen als schwarze Objekte bei normalen Lichtbedingungen, weil bei der visuellen Wahrnehmung der Kontrast wichtiger als die absolute Helligkeit ist.

Diese subjektive Wahrnehmung kommt durch die spontane und immer vorhandene Aktivität der Nervenzellen der Netzhaut und des zentralen visuellen Systems zustande. Als eine weitere Ursache wird der spontane Zerfall des Sehfarbstoffs Rhodopsin der Stäbchen (der Fotorezeptoren, die nur in der Dämmerung aktiviert werden) vermutet. Dies kann als eine spontane Aktivierung oder „thermisches Rauschen" angesehen werden. Berechnungen zeigen, dass pro Sekunde mehr als 500.000 spontane Zerfälle des Rhodopsins zu erwarten sind, die zur Entstehung elektrischer Erregungen in der Netzhaut führen. Das *Eigengrau* wird auch das „Rauschen der Netzhaut" oder „Eigenrauschen" genannt und besitzt auch bei technischen Systemen wie Mikrophonen oder Digitalkameras eine Bedeutung.

3.13 Der Gefäßbaum des Auges

Frage

Wussten Sie, dass sich in Ihrem Auge viele Adern befinden? In und vor allem vor unserer Netzhaut liegen viele Blutgefäße, so dass es überraschend ist, dass wir diese nie wahrnehmen, obwohl sie eigentlich stören, weil sie die Qualität der optischen Abbildung verringern. Physikalisch gesehen, entsteht hinter den Blutgefäßen immer eine unbeleuchtete Fläche auf der Netzhaut. Diesen Schatten nehmen wir normalerweise nicht wahr. Mit einem einfachen Trick können wir ihn jedoch sichtbar machen.

Durchführung und Ergebnisse

Sie verwenden in einem abgedunkelten Raum eine intensive, punktförmige Lichtquelle, die Sie (am besten bei einer anderen Person) auf die Grenze zwischen der durchsichtigen Kornea und der weißen Lederhaut des Auges richten. Eine kleine Taschenlampe ist dazu gut geeignet. Dies wird auch als diasklerale Beleuchtung bezeichnet und bedeutet „durch die Lederhaut – **Sklera** – des Auges hindurch".

Die Versuchsperson hält ihr geschlossenes Auge in Richtung Mitte. Wenn man nun das Licht hin und her bewegt, kann der Schatten der in der Netzhaut liegenden Blutgefäße gesehen werden.

Erklärung und Bedeutung

Dieses auch als Purkinje-Aderfigur bezeichnete Bild entsteht durch den Schatten der in den inneren Netzhautschichten gelegenen Blutgefäße, der auf die Fotorezeptoren fällt. Die retinalen Blutgefäße sind normalerweise nicht wahrnehmbar, da ihr Schattenbild auf der Netzhaut ortsfest und dauerhaft ist und deshalb aufgrund der lokalen Adaptation unterdrückt wird. Wird die Lichtquelle bewegt, so erfolgt die Abbildung des Schattens der Blutgefäße auf wechselnde Netzhautorte, sodass es keine Adaptation gibt, und man den Schatten sehen kann.

Die Blutversorgung der Retina erfolgt über die Aderhaut, die hinter der Netzhaut liegt. Zusätzlich gibt es jedoch ein System von Blutgefäßen, das vor und in der Netzhaut liegt. Dessen Schattenwurf sehen wir.

Dieser Schatten kann auch bei Trübungen der Medien des Auges im Bereich von Hornhaut und Linse wahrgenommen werden, während Trübungen des normalerweise durchsichtigen Glaskörpers eine homogene Ausleuchtung des Augeninneren verursachen und kein Schatten möglich ist. Bei Vorhandensein einer intakten Aderfigur können größere zentrale Gesichtsfeldausfälle ausgeschlossen werden. Diese Prüfung ist vor Operationen des Grauen Stars (medizinisch als Katarakt bezeichnet) hilfreich, um bei Linsentrübungen abzuklären, ob die Netzhaut noch funktionsfähig und eine Operation sinnvoll ist.

3.14 Akkommodation: Nahpunkt und Fernpunkt

Frage

Sie wissen sicher, dass beim Fotografieren die Linse so eingestellt werden muss, dass ein scharfes Bild entsteht. Bei einer analogen Kamera verändert man die Entfernungseinstellung des Objektivs mit der Hand, während die Scharfeinstellung bei Digitalkameras automatisch geschieht. Dies ist ähnlich wie im menschlichen Auge. Wir können nun untersuchen, in welchem Bereich wir scharf sehen können, und wie unsere Sehschärfe von der Entfernung abhängt.

Durchführung und Ergebnisse

Sie benötigen ein Lineal und einen spitzen Bleistift oder eine lange Nadel. Das Lineal wird vorsichtig nahe der Augeninnenkante angesetzt. Nun fährt man mit dem senkrecht gehaltenen Bleistift so lange am Lineal entlang in Richtung Auge, bis die Spitze gerade noch scharf gesehen werden kann. Oft fällt es schwer zu entscheiden, ob die Spitze scharf gesehen wird. Dann hilft es, eine sogenannte Doppellochblende zu verwenden. Am einfachsten ist ein Stück schwarzer Karton, in den man nahe nebeneinander mit einer Nadel zwei kleine Löcher sticht, durch die man blickt. Dies führt zu einer aus zwei überlappenden Kreisflächen bestehenden Gesichtsfeldbegrenzung. Beobachtet man die Nadel in diesem Bereich, dann erscheint sie in der Ferne scharf und einfach. Bei einem langsamen Heranschieben wird die Nadel auch bei maximaler Nahakkommodation ab einer bestimmten Entfernung unscharf und doppelt gesehen. Diese minimale Entfernung, in der die Nadel noch scharf und einfach gesehen wird, definiert den Nahpunkt. Sein Abstand wird auf dem Lineal abgelesen. Um einen zuverlässigen Wert zu erhalten, wiederholt man dies ein paar Mal und bildet den Mittelwert.

Man sollte diesen Versuch mit mehreren Personen durchführen und die Messwerte in einer Tabelle notieren. Man findet in Abhängigkeit vom Lebensalter bei jungen Erwachsenen Werte zwischen 7 und 14 cm. Im Laufe des Alters wird die Entfernung größer; wir werden weitsichtig.

Erklärung und Bedeutung

Der Nahpunkt ist die geringste Entfernung vom Auge, in der man nahegelegene Gegenstände gerade noch scharf sehen kann. Dies beruht auf der Anpassung der Brechkraft des Auges. Die Einstellung darauf wird als Akkommodation bezeichnet. Dadurch kann ein Objekt in einer beliebigen Entfernung zwischen dem individuell unterschiedlichen optischen Nah- und Fernpunkt scharf auf der Netzhaut abgebildet werden.

Der Nahpunkt gibt hierbei die kürzeste und der Fernpunkt die weiteste Distanz zum Auge an, in der eine scharfe Abbildung möglich ist. Der Wechsel von der Fern- auf die Naheinstellung wird als Nahakkommodation bezeichnet, das Gegenteil ist die Fernakkommodation. Meist wird unter Akkommodation nur die Nahanpassung verstanden. Die Akkommodationsbreite beschreibt den Bereich zwischen der minimalen und der maximal möglichen Gegenstandsweite, in dem eine scharfe Abbildung auf der Netzhaut möglich ist. Die Brechkraft wird in Dioptrien angegeben und berechnet sich als Kehrwert der Entfernung in Metern: Dioptrien (dpt) = 1/Nahpunkt. Die Gesamtbrechkraft des Auges wird mit 58 dpt angegeben; dazu trägt hauptsächlich die Hornhaut (Kornea) und etwas weniger die Linse des Auges bei.

Der Versuch zeigt, dass es möglich ist, stufenlos auf unterschiedliche Entfernungen scharf zu sehen. Dies geschieht sehr effizient und meist unbewusst.

Wir haben den Eindruck, dass alles, was wir sehen, immer scharf abgebildet wird, obwohl dies nur für Gegenstände gilt, auf die sich das Auge eingestellt hat.

Die maximale Änderung der Brechkraft wird als Akkommodationsbreite bezeichnet und nimmt im Laufe des Lebens ab. Bei Kleinkindern beträgt sie etwa 16 dpt und fällt im Alter auf etwa 1 dpt ab. Das bedeutet, dass der Nahpunkt sich immer weiter vom Auge entfernt. Die Ursache dafür ist der Verlust der Elastizität der Linse, die sich durch andauerndes Wachstum verdickt. Bei einem Neugeborenen liegt der Nahpunkt bei rund sieben Zentimetern, beim 40-Jährigen bei 20 cm und bei einem 50-Jährigen bei etwa 50 cm (sogenannte Altersweitsichtigkeit).

Aus diesem Grund wird man mit zunehmendem Lebensalter allmählich weitsichtig, was als Presbyopie bezeichnet wird und durch eine Lesebrille korrigiert werden kann. Die entsprechenden Brillengläser besitzen positive Dioptriewerte (+ dpt), während bei einer Kurzsichtigkeit die Brechkraft des Auges zu groß ist und mit Linsen mit negativen Dioptrien korrigiert wird (– dpt).

Bei Säugern, Vögeln und Reptilien erfolgt die Akkommodation durch Veränderung der Form und somit der Brechkraft der elastischen Linse. Bei Tintenfischen, Fischen und Amphibien wird der Abstand zwischen der starren Linse und der Netzhaut verändert. Dasselbe Prinzip liegt der Entfernungseinstellung eines Fotoapparats zugrunde.

3.15 Periphere und zentrale Sehschärfe

Frage

Wir sehen nur das gut und scharf, was wir direkt betrachten. Wie unterscheidet sich die Sehschärfe in verschiedenen Regionen der Netzhaut, und warum ist das so? Das können Sie recht einfach an sich testen.

Durchführung und Ergebnisse

Um die Sehschärfe in der Peripherie zu testen, haben wir viele Möglichkeiten. Ein einfacher Test, mit dem Sie sich davon überzeugen können, dass mit wachsender Entfernung von dem Fixationspunkt die Sehschärfe rapide abfällt, ist in Abb. 3.10 illustriert. Man deckt die untere Zeile ab und fixiert mit einem Auge das obere X auf der rechten Seite. Nun versuchen Sie, ohne Augenbewegungen zu machen, möglichst viele Buchstaben auf der linken Seite zu erkennen. Dasselbe macht man mit der unteren Zeile, wenn die obere abgedeckt ist.

A C N O K L R W I U B E F W N S M J P Z Q R T X

AUF DER STRASSE IST EIN HUND, DER BELLT X

Abb. 3.10   Die Sehschärfe in der Peripherie

Dabei stellen Sie fest, dass es nicht möglich ist, mehr als nur ein paar der Buchstaben zu erkennen. Je weiter ein Buchstabe von dem Fixationspunkt entfernt ist, desto unschärfer wird das Gesehene. Liest man sinnvolle Wörter wie im unteren Teil, so wird die Leistung etwas besser. Dies liegt jedoch nicht an der Sehschärfe, sondern an unserer Erwartung und der Bedeutung der Wörter. Wir verstehen viele Sätze, auch wenn ein paar Wörter oder Buchstaben fehlen.

Erklärung und Bedeutung

Der starke Abfall der Sehschärfe kann durch den anatomischen Aufbau der Netzhaut und ihre neuronale Verschaltung erklärt werden. Im Zentrum befindet sich die Fovea centralis, die auch Sehgrube oder die Stelle des schärfsten Sehens genannt wird. Dort finden wir die Zapfen, die für das Tagessehen zuständig sind und die aufgrund ihrer weiteren Verschaltung zu einer hohen räumlichen Auflösung beitragen. Außerdem sind in diesem Bereich, anders als in anderen Bereichen der Netzhaut, keine anderen Nervenzellen und keine Blutgefäße. So erreicht das Licht ungehindert die Fotorezeptoren. Davon können Sie sich bei dem Experiment Abschn. 3.13 überzeugen. Je weiter wir uns von der Fovea centralis entfernen, desto weniger Zapfen finden sich, dafür aber zahlreiche Stäbchen, deren weitere Verschaltung jedoch deutlich ungenauer ist.

Wie in der Abb. 3.16 illustriert, wird die Sehschärfe vom Augenarzt oder Optiker mit Sehzeichen getestet, die der Patient fixiert. So fällt das Bild auf die Stelle des schärfsten Sehens. Normalerweise bemerken wir die schlechte Sehschärfe der Peripherie nicht, weil wir andauernd unbewusst unsere Augen bewegen und uns auf das konzentrieren, was wir gerade anschauen. Außerdem werden Reize, die auf die Fovea centralis fallen, in allen mit Sehen befassten Hirnstrukturen von deutlich mehr Neurone verarbeitet als Reize in der Peripherie.

3.16 Veränderte Wahrnehmung durch Adaptation

Frage

Wir haben bereits erfahren, dass sich unser Auge durch Adaptation an unterschiedliche Lichtverhältnisse gewöhnt. Solche Anpassungen geschehen im Sehsystem nicht nur bei unterschiedlicher Helligkeit oder Farben, sondern auch bei anderen Seheindrücken.

Wie alle anderen Sinnessysteme gewöhnen sich unser Auge und unsere Netzhaut relativ schnell an konstante Reize. In diesem Abschnitt können Sie erfahren, wie sich Ihr Sehen durch eine kurzzeitige Adaptation verändert.

Durchführung und Ergebnisse

1. Adaptation an unterschiedlich feine Strukturen.
Betrachten Sie die Abb. 3.11 aus einer normalen Lesedistanz. Die beiden Gittermuster auf der rechten Seite sind oben und unten identisch; auf der linken Seite befindet sich ein feines Muster oben und ein gröberes unten.

Zunächst fixiert man den schwarzen Punkt im linken Teil des Bildes etwa eine Minute lang. Danach richten Sie den Blick auf den Punkt auf der rechten Seite. Nun erscheint das obere Muster gröber als vorher und das untere feiner.

2. Adaptation an unterschiedliche Orientierungen.
Sie betrachten die Abb. 3.12 aus normaler Lesedistanz. Die beiden Gittermuster auf der linken Seite besitzen eine unterschiedliche Abweichung von der Vertikalen, während auf der rechten Seite vertikale Muster zu sehen sind.

Sie fixieren den schwarzen Punkt auf der linken Seite etwa eine Minute lang, und danach blicken Sie auf den Punkt auf der rechten Seite. Die Gittermuster werden nun nicht mehr als vertikal wahrgenommen, sondern erscheinen leicht in die Gegenrichtung der linken Muster geneigt.

3. Adaptation an unterschiedliche Farben und Orientierungen.
In der Abb. 3.13 sehen Sie links zwei farbige Streifenmuster; das eine ist schwarz-rot, das andere schwarz-grün. Auf der rechten Seite sind vier Quadrate, die aus schwarz-weißen horizontalen oder vertikalen Streifenmuster bestehen. Man sollte die farbigen Bilder etwa 2 bis 5 min lang betrachten, bevor man sich die vier Quadrate auf der rechten Seite ansieht.

Nach dieser Adaptationszeit erscheinen auf der rechten Seite schwache Farben (vertikal grünlich; horizontal rötlich), die jedoch im Gehirn entstehen

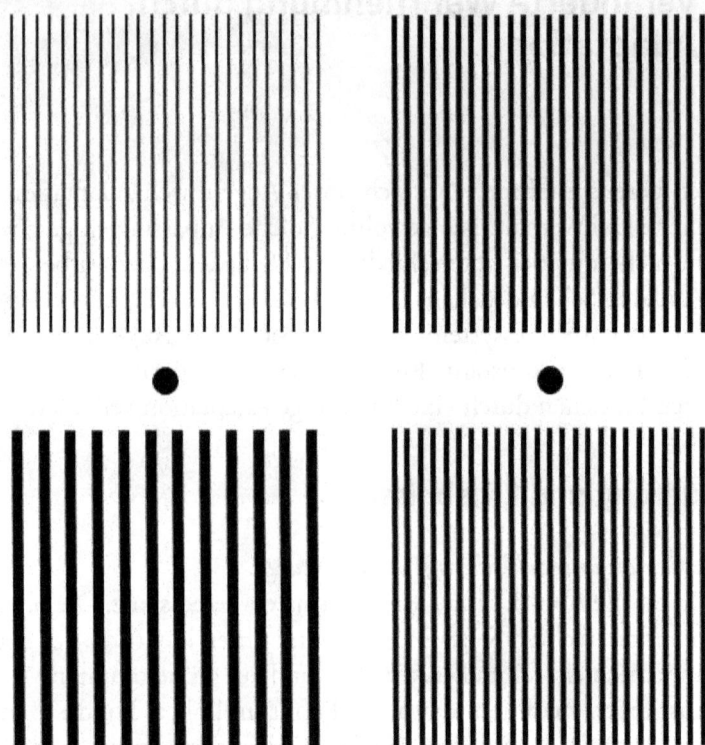

Abb. 3.11 Adaptation an unterschiedliche Gittermuster. Man betrachte den schwarzen Fixierpunkt auf der linken Seite etwa eine Minute lang und dann den Punkt auf der rechten Seite

und nicht auf dem Papier. Zur Kontrolle kann man das Buch um 90° drehen, dann verändern sich die Farbtöne. Offensichtlich ist die jeweilige Farbe an die Orientierung der Streifen gebunden[6]. Dieser Effekt hält bei den meisten Beobachtern sehr lange an.

Erklärung und Bedeutung

Die beobachteten Effekte beruhen auf der Tatsache, dass sich die **Sinneszellen** an konstante Reize gewöhnen. Diese Adaptation der Rezeptoren und Neurone

---

[6] Erstmals beschrieben von McCollough, C., Adaptation of edge-detectors in the human visual system. Science, 1965, 149, 1115–1116.

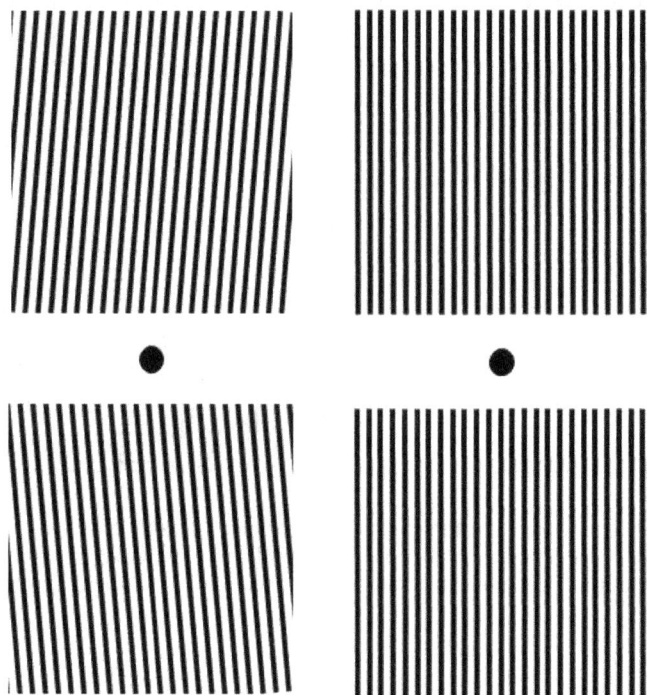

Abb. 3.12 Adaptation an unterschiedliche Gittermuster. Man betrachte den schwarzen Fixierpunkt auf der linken Seite etwa eine Minute lang und dann den Punkt auf der rechten Seite

des Sehsystems führt dazu, dass ihre Empfindlichkeit mit der Zeit abnimmt. Dies geschieht bei den illustrierten Mustern auf etwas unterschiedliche Art.

Visuelle Gitter werden durch die sogenannte Ortsfrequenz definiert (d. h. die Anzahl der Streifen pro Sehwinkelgrad). Mit hohen Werten werden feine Muster beschrieben, während grobe Muster niedrige Ortsfrequenzen besitzen. Unterschiedliche Frequenzen werden von dem visuellen System in unterschiedlichen „Kanälen" oder Nervenzellen verarbeitet. Durch längeres Betrachten der Gittermuster auf der linken Seite in Abb. 3.11 adaptieren die Nervenzellen, die für die jeweiligen Muster empfindlich sind. Blickt man auf die rechten Bilder, so sieht man diesen Effekt des „Ausfalls" der Verarbeitung der feinen (oben) oder groben Muster (unten). Ähnliches geschieht bei dem längeren Anschauen der geneigten Streifen (Abb. 3.12), bei dem sich Nervenzellen an die gezeigten Orientierungen gewöhnen. Das führt dazu, dass danach die senkrechten Streifen leicht in die Gegenrichtung geneigt erscheinen.

Abb. 3.13 Adaptation an unterschiedlich orientierte Gittermuster. Man betrachte die Muster auf der linken Seite 2 bis 5 min lang und danach die Muster auf der rechten Seite. Der Effekt ist nach seinem Entdecker „McCollough-Effekt" genannt

Bei der Farbnachwirkung unterschiedlich orientierter Muster ist die Erklärung etwas komplizierter. Hier geschieht die Adaptation des visuellen Systems gleichzeitig für Orientierung und Farbe, was zu einem entsprechenden farbigen Nachbild führt. Dieses ist jedoch zusätzlich an die jeweilige Orientierung der Gitter gekoppelt. Im Gegensatz zu anderen Farbnachbildern oder Bewegungsnachwirkungen hängt der Effekt sehr lange an und wird auch als eine sehr einfache Art eines Lernprozesses des Gehirns interpretiert.

3.17 Die Bedeutung der Hornhaut des Auges

Frage

Wenn Sie Ihr Auge in einem Spiegel betrachten, sehen Sie ganz außen die durchsichtige Hornhaut, dann die farbige Regenbogenhaut (Iris) und die schwarze Pupille, durch die das Licht ins Auge fällt. Die Qualität der optischen Abbildung auf der Netzhaut hängt zwar wie beim Fotoapparat von der Linse ab, die die Lichtstrahlen bündelt. Aber im Auge ist auch anderes wichtig.

Welche Rolle spielt die Hornhaut (Kornea) des Auges für unser Sehen?

Durchführung und Ergebnisse

1. Öffnen Sie unter Wasser die Augen. Wie gut können Sie nun sehen? Wie hat sich die Sehschärfe gegenüber dem normalen Sehen verändert?

Im Gegensatz zur Luft verringert sich die Brechkraft massiv und alles erscheint verschwommen. Dies hat eine physikalische Ursache, weil der Übergang zwischen unterschiedlich dichten optischen Medien bestimmt, wie stark die Lichtstrahlen gebrochen werden.

2. Betrachten Sie die verschiedenen Bilder in Abb. 3.14 mit einem Auge. Was fällt in den Teilbildern A, B und C auf? Offensichtlich können wir nicht alle Orientierungen der Linien gleich gut sehen; je nach Richtung in Bild C unterschiedlich dunkel. Dreht man die Abbildung, so kann man sehen, wie sich dies verändert. In Abbildung A mit den konzentrischen Kreisen kann man die bessere oder schlechtere Orientierung gleichzeitig sehen.

Bei Brillenträgern mit einem korrigierten **Astigmatismus** (Stabsichtigkeit) verschwindet dieser Effekt.

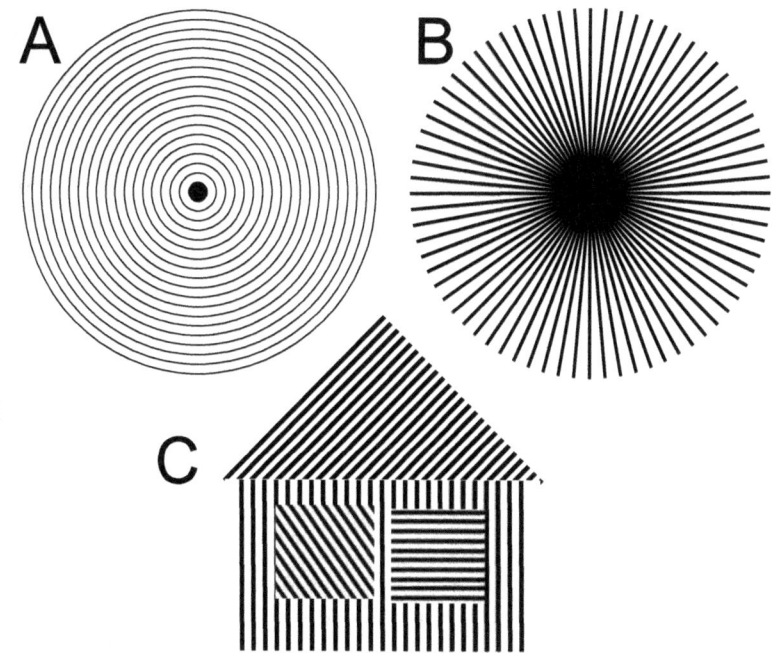

Abb. 3.14 Der Einfluss der Krümmung der Hornhaut des Auges. In dem Bild **A** erkennt man weiße Streifen, in **B** erscheinen die Linien verschiedener Orientierung unterschiedlich scharf, ähnlich wie in **C**

Erklärung und Bedeutung

Für die Lichtbrechung im Auge sind vor allem die Hornhaut und die Linse verantwortlich. Etwa Zweidrittel der Brechkraft des menschlichen Auges sind durch die Hornhaut bedingt. Dabei spielt der Übergang zwischen verschiedenen Medien eine zentrale Rolle. Die optischen Brechungsgesetze besagen, dass der Übergang zwischen optisch dichteren und weniger dichten Medien die Brechung der Lichtstrahlen bedingt. Beim Sehen ist dies der Unterschied zwischen Luft und dem Kammerwasser zwischen Kornea und Linse. Unter Wasser fällt dieser Faktor weg, und die Brechkraft nimmt deutlich ab. Man kann eine Taucherbrille verwenden, um dies zu verhindern, denn dann haben wir wieder den Übergang von Luft (innerhalb der Taucherbrille) durch die Kornea zum Kammerwasser des Auges. Damit wird eine normale Brechkraft gewährleistet.

Um die Lichtstrahlen optimal auf einen Punkt zu bündeln, besitzen Hornhaut und die Linse eine runde Form in alle Richtungen. Sind diese Strukturen nicht gleichmäßig gekrümmt, werden die Lichtstrahlen nicht gleichmäßig gebrochen, und das Bild auf der Netzhaut wirkt unscharf. Einen solchen richtungsabhängigen Unterschied der Brechkraft nennt man *Astigmatismus* oder *Stabsichtigkeit*. Eine Differenz von bis zu 0,5 Dioptrien wird als physiologischer Astigmatismus bezeichnet und kann durch das Zentralnervensystem ausgeglichen werden. Ist die Hornhautverkrümmung größer, so muss sie durch Brillen oder Kontaktlinsen korrigiert werden.

Die Hornhaut des Auges ist allerdings nur im Idealzustand gleichmäßig gewölbt. Durch den dauernden Druck der Augenlider können leichte Unregelmäßigkeiten entstehen, die man in den illustrierten Bildern bemerkt. Die strahlenförmige Figur in Abb. 3.14 A wird vom Augenarzt oder Optiker als Test für einen vorliegenden Astigmatismus verwendet.

3.18 Sehen von Linien

Frage

Wie gut Sie etwas sehen können, wird nicht nur von der Feinheit der Strukturen und der Helligkeit und dem Kontrast oder der Farbe beeinflusst. Sogar beim Sehen von einfachen Linien kommt es auf das Umfeld an. Wodurch wird die Sehschärfe dabei beeinflusst?

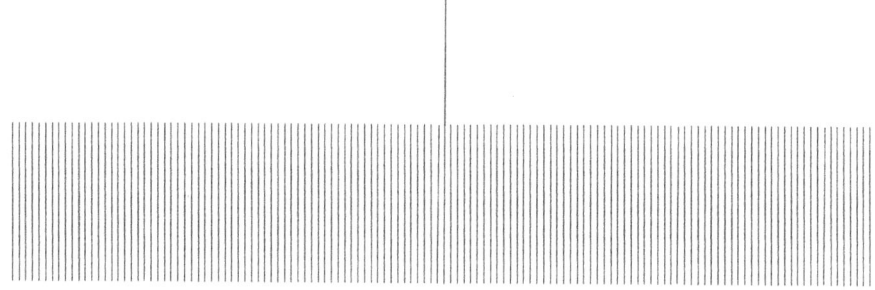

Abb. 3.15 Eine Anordnung von Linien, die beim Sehen aus großer Entfernung verschwinden, während die einzelne lange Linie noch gesehen werden kann

Durchführung und Ergebnisse

Betrachten Sie das Gittermuster in der Abb. 3.15 mit einem Auge aus einem Abstand, bei dem Sie die einzelnen Striche gerade noch sehen können. Wenn Sie nun den Kopf nach links oder rechts neigen oder das Buch entsprechend drehen, verschwinden die einzelnen Linien. Man sieht nun eine homogene graue Fläche. Die lange einzelne Linie kann jedoch weiterhin gesehen werden.

Erklärung und Bedeutung

Die Veränderungen bei geneigtem Kopf können teilweise durch den normalen (physiologischen) Astigmatismus verursacht sein (siehe Abschn. 3.17). Außerdem finden sich im visuellen Kortex mehr Nervenzellen, die vor allem auf waagrechte und senkrechte Linien reagieren und weniger auf andere Orientierungen. Dies beruht auch auf der visuellen Erfahrung während der frühkindlichen Entwicklung: Unsere Umwelt enthält wesentlich mehr waagrechte und senkrechte Konturen, und das Sehzentrum spezialisiert sich durch diese Erfahrung.

Das verbleibende Erkennen der einzelnen langen Linie kann durch die in dem Reiz enthaltenen Ortsfrequenzen erklärt werden. Diese enthalten auch Komponenten mit größerer räumlicher Wellenlänge, so dass diese noch erkannt werden, wenn die feinen Linien bereits verschwinden.

3.19 Sehschärfe

Frage

Den Begriff *Sehschärfe* kennen Sie sicher, aber was ist das eigentlich genau? Neben der üblichen Bestimmung unserer Sehschärfe beim Augenarzt oder Optiker gibt es weitere Möglichkeiten zu testen, wie gut wir sehen können. Verschiedene Tests illustrieren unterschiedliche Funktionen unseres Sehsystems.

Durchführung und Ergebnisse

Sie können sich mit den in den in der folgenden Abbildung gezeigten Mustern selbst testen. Die Vorlagen können kopiert und vergrößert werden, Sie können auch den Betrachtungsabstand vergrößern. Brillenträger können sich mit und ohne Brille von ihrer Sehschärfe überzeugen und sehen, ob die Korrektur richtig ist.

Ein weiterer Test verwendet sinusförmig modulierte Gittermuster, die in Abb. 3.17 illustriert sind. Diese werden in ihrer Feinheit und in ihrem Kontrast systematisch verändert. Die Versuchsperson gibt an, welche Orientierung sie erkennt. Für solche Tests werden spezielle Computersysteme oder auch gedruckte Versionen der Reiz verwendet.

Erklärung und Bedeutung

Die „*konventionelle*" Sehschärfe ist als der kleinste Winkel definiert, bei dem man eine Lücke in dem sogenannten Landolt-Ring erkennen kann (Abb. 3.16B). Dies wird üblicherweise beim Augenarzt oder Optiker verwendet. Die in der Augenheilkunde als Visus bezeichnete Sehschärfe ist der Kehrwert dieses Winkels, der in Bogenminuten gemessen wird und folglich nicht von dem Betrachtungsabstand abhängt. Ein Visus von 1,0 bedeutet, dass die Lücke 1' (eine Sehwinkelminute) groß ist, bei einem Visus von 0,25 muss die Lücke viermal so groß sein, um gesehen zu werden. Vor allem bei jungen Menschen findet man auch größere Werte als 1, sodass eine Angabe in Prozentwerten nicht sinnvoll ist.

Andere Arten von Sehtests sind das *Erkennen eines Punkts* (Abb. 3.16A) oder von feinen *Gittermustern* (Abb. 3.16C). Die *Nonius-Sehschärfe* beruht auf einer leichten Verschiebung von zwei Linien gegeneinander, wie man sie bei

Abb. 3.16 Sehzeichen, die für das Testen der Sehschärfe verwendet werden können. **A** Entdeckung eines Punkts, **B** Landolt-Ring mit einer definierten Lücke, **C** unterschiedlich feine Streifenmuster, **D** Nonius, bei dem zwei Linien leicht gegeneinander versetzt sind, **E** Buchstaben verschiedener Größe

Rechenschiebern oder Schublehren findet (Abb. 3.16D), und sie ist deutlich besser als die konventionell bestimmte Sehschärfe.

Eine weitere Möglichkeit, das Sehvermögen zu testen, bieten in ihrer Helligkeit modulierte Streifenmuster, die wegen ihres Helligkeitsverlaufs auch *Sinus-Gitter* genannt werden (Abb. 3.17). Bei diesem Test werden die Reize in ihrem Kontrast und ihrer Feinheit verändert, und der Proband gibt an, in welche Richtung die Reize geneigt sind.

In der Sehforschung ist der Kontrast (K, in Prozent, %) wie folgt definiert: $K = 100 * \frac{Lmax-Lmin}{Lmax+Lmin}$. Dies ist der Unterschied zwischen Hell und Dunkel geteilt durch die Summe von Hell und Dunkel. Das bedeutet, dass der Kontrast zwischen 0 und 100 % variieren kann. Variiert man den Kontrast systematisch, dann illustrieren die gemessenen Ergebnisse, bei welchem Kontrast ein bestimmter Reiz wahrgenommen werden kann, und dies wird daher als *Kontrastempfindlichkeit* bezeichnet. Dieser Test bietet wertvolle zusätzliche Informationen, weil manche Patienten eine normale konventionell gemessene Sehschärfe besitzen können, aber in ihrer Wahrnehmung von Kontrasten eingeschränkt sind. Dies ist jedoch für das Erkennen komplizierter und schwach ausgebildeter Strukturen im Alltag für die Patienten wichtig.

3.20 Dreidimensionales Sehen

Frage

Vermutlich wissen Sie, dass wir zwei Augen besitzen, um einen Tiefeneindruck zu erhalten. In diesem Versuch erfahren Sie, wie wir räumlich sehen können.

Abb. 3.17 In ihrer Helligkeit sinusförmig modulierte Streifenmuster (Sinus-Gitter)

Was beeinflusst das dreidimensionale Sehen? Wie können wir in unserer Umgebung Entfernungen abschätzen? Und warum erkennen wir auf Fotos oder in Gemälden räumliche Tiefe?

Durchführung und Ergebnisse

In Abb. 3.18 sind Reize illustriert, die für das linke und rechte Auge leicht unterschiedlich sind. Wenn Sie nun durch Schielen versuchen, die linken und rechten Teilbilder zu überlagern, sehen Sie dreidimensionale Gebilde. Der obere und der untere Teil unterscheiden sich bei ihrem Wahrnehmungseindruck deutlich; was in einem Bild im Vordergrund liegt, ist im anderen im Hintergrund. Der Grund hierfür ist, dass das linke und rechte Auge den Reiz aus leicht unterschiedlichen Blickwinkeln sehen. Davon kann man sich leicht überzeugen, wenn man die Augen abwechselnd schließt: Unsere Umgebung sieht leicht verschieden aus.

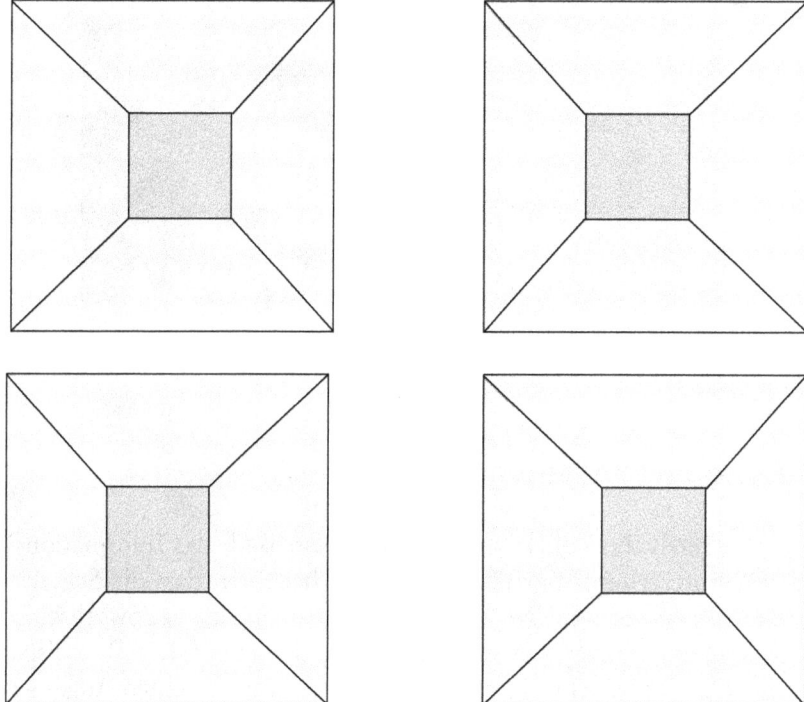

Abb. 3.18 Vorlage für stereoskopisches Sehen. Werden die leicht unterschiedlichen Teilbilder auf der linken und rechten Seite durch leichtes Schielen überlagert, so wird eine dreidimensionale Figur sichtbar

Weitere Hinweise für räumliche Tiefe sind Verdeckungen. Näherliegende Objekte verdecken die dahinterliegenden. Daraus schließen wir auf ihre Entfernung. Auch Farben enthalten Hinweise auf räumliche Tiefe. Wegen der *chromatischen Aberration* als Abbildungsfehler wird Licht unterschiedlicher Wellenlänge oder Farbe verschieden stark gebrochen wird. Die chromatische Aberration ist ein Abbildungsfehler optischer Linsen, der bei allen optischen Systemen entsteht und in Kameras korrigiert wird.

Aus physikalischen Gründen wird Licht der Farbe Rot stärker gebrochen als Blau. Deshalb erscheinen blaue Gegenstände weiter entfernt. Dies ist in der Abb. 3.19 illustriert. Links scheint das rote Quadrat näher zu sein als der blaue Hintergrund; auf der rechten Seite verhält es sich mit dem blauen Quadrat umgekehrt. Probieren Sie es aus!

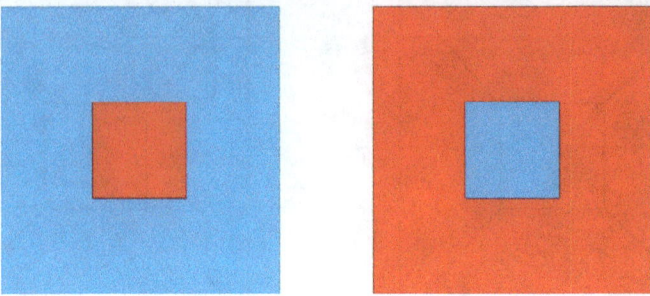

Abb. 3.19 Wahrnehmung räumlicher Tiefe durch unterschiedliche Farben (chromatische Aberration)

Erklärung und Bedeutung

Die unterschiedlichen Blickwinkel erzeugen ein Bild, das Information über die sogenannte **Querdisparität** enthält. Das bedeutet, dass die Sehreize auf „nichtkorrespondierende" Netzhautstellen fallen. Sehen wir abwechselnd mit dem rechten oder linken Auge, so „springt" das Gesehene. Die Querdisparität bezeichnet die Verschiebung der Bilder des linken und rechten Auges gegeneinander. Die Empfindlichkeit hierfür ist deutlich besser als unsere Sehschärfe. Die Auflösung des menschlichen Auges liegt bei einer Lücke des Landolt-Rings bei 1 Sehwinkelminute, während die Empfindlichkeit für stereoskopische Reize etwa 10 bis 15 Winkelsekunden beträgt. Dies ist um einen Faktor 4 bis 6 besser als die konventionell gemessene Sehschärfe.

Die Bedeutung der Querdisparität wurde bereits bei stereoskopischen Fotos anatomischer Strukturen gegen Ende des 19. Jahrhunderts von dem spanischen Anatomen und Nobelpreisträger Ramón y Cajal illustriert[7].

Mit Zufallspunktmustern, die eine mit bloßem Auge nicht erkennbare Querdisparität enthalten, lassen sich ebenfalls stereoskopische Reize erzeugen, die ausschließlich auf der horizontalen Verschiebung der Sehreize des linken und rechten Auges beruhen. Bücher, die solche Bilder manchmal als sogenannte Autostereogramme präsentieren, sind populär.

Die Bedeutung des Sehens mit zwei Augen können Sie erleben, wenn Sie einen Baum oder einen Blumenstrauß anschauen. Blicken Sie nur mit einem Auge, so fällt es schwer zu entscheiden, welche Zweige oder Blätter sich näher oder weiter weg befinden. Mit beiden Augen erhalten Sie jedoch immer einen lebhaften Tiefeneindruck.

---

[7] Bergua, A. und Skrandies, W. An early antecedent to modern random dot stereograms – „The Secret Stereoscopic Writing" of Ramón y Cajal. International Journal of Psychophysiology, 2000, 36, 69–72.

Der *Effekt der Farbe* auf die Tiefenwahrnehmung hat ihren Grund in der physikalischen Tatsache, dass Sammellinsen immer unterschiedliche Brennweiten für verschiedene Wellenlängen besitzen. Kurzwelliges Licht (Blau) wird stärker gebrochen als langwelliges (Rot). Deshalb haben die beiden Farben unterschiedliche Brennpunkte auf der Retina. Dies wird als chromatische Aberration (Abweichung) bezeichnet und stellt einen Abbildungsfehler optischer Linsen dar. Vor allem bei qualitativ minderwertigen Linsen von Kameras treten deshalb deutlich sichtbare chromatische Verzerrungen auf. Soll das Auge rote Gegenstände scharf sehen, muss es stärker akkommodieren als bei blauen. Diese stärkere Akkommodation ist für das Sehsystem das Signal, dass fokussierte Gegenstände näher vor uns liegen. Im Alltag fallen uns solche Abweichungen nicht auf, weil wir uns daran gewöhnt haben und unser Gehirn eine entsprechende Korrektur berechnet.

Auch bei Fotos oder Gemälden haben wir kaum Probleme, räumliche Tiefe oder Entfernungen korrekt abzuschätzen. Hierbei spielen Perspektive, Verdeckungen, Schatten, Größe, Farbe und Farbkontrast sowie unsere Erfahrung eine wesentliche Rolle. Maler benutzen verschiedene Farben und unterschiedliche Sättigung, um die Illusion räumlicher Tiefe zu erzeugen.

Isoliertes dreidimensionales Sehen, das von all diesen Faktoren unabhängig ist, beruht jedoch ausschließlich auf der beschriebenen Querdisparität.

3.21 Zweiäugiges Sehen; binokularer Wettstreit

Frage

Normalerweise sehen Sie mit beiden Augen gleichzeitig. Aber was geschieht, wenn wir dem linken und rechten Auge zeitgleich unterschiedliche Bilder darbieten?

Durchführung und Ergebnisse

Sehen Sie mit dem rechten und dem linken Auge etwas Ähnliches, das sich in einigen Einzelheiten unterscheidet, so erhalten Sie einen unerwarteten Seheindruck. Versuchen Sie, so wie beim Stereosehen die beiden Teilbilder der Abb. 3.20 durch leichtes Schielen zu überlagern. Dabei erkennt man mühelos das schwarze Quadrat im Zentrum. Die vertikalen und horizontalen Linien können jedoch nicht gleichzeitig gesehen werden. In der Umgebung der fusionierten Quadrate kommt es zu einem Wettstreit der Linien, wobei

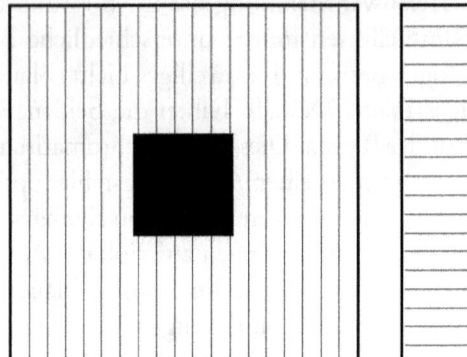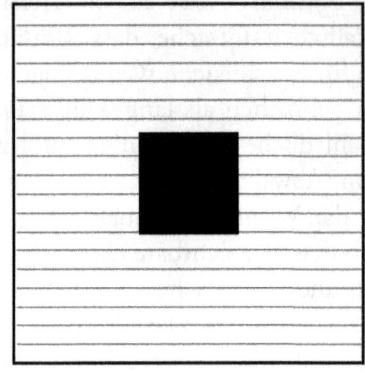

Abb. 3.20 Binokularer Wettstreit mit Reizen, die für das linke und rechte Auge unterschiedlich sind. Bei der Überlagerung der beiden Bilder im Gehirn wird wechselweise hauptsächlich das eine oder das andere Bild wahrgenommen

zum Teil nur die vertikalen oder nur die horizontalen Linien wahrgenommen werden.

Statt verschieden orientierten Linien kann man für diesen Versuch auch unterschiedliche Farben verwenden. Auch hier beobachtet man einen Wettstreit der Farben, wobei mal die eine und mal die andere Farbe dominiert.

Erklärung und Bedeutung

Dieses Phänomen wird als binokularer Wettstreit oder binokulare Rivalität bezeichnet und beschreibt die wechselnde Wahrnehmung eines von zwei sehr unterschiedlichen, für längere Zeit monokular angebotenen Reizen. Dabei wird jedem Auge gleichzeitig ein anderes Bild gezeigt (sogenannte dichoptische Präsentation). Die Bilder werden auf den gleichen Stellen der Netzhaut des linken und des rechten Auges abgebildet. Weil die beiden Reize sehr verschieden sind, kann keine binokulare Fusion durch das visuelle System erfolgen. Man sieht nicht eine Mischung der beiden Bilder wie beispielsweise ein Karomuster, das durch die einfache Überlagerung zustande kommt, sondern es werden abwechselnd Teile des linken oder des rechten Bildes wahrgenommen. Dieser Wechsel ist unregelmäßig, und die Wahrnehmung springt zwischen verschiedenen Eindrücken hin und her. Es tauchen zwar häufig mosaikartige Mischungen der beiden Seheindrücke auf, aber es kommt nie zu einer kompletten gleichzeitigen Wahrnehmung der beiden Bilder (siehe auch Versuch Abschn. 3.22).

Dieser binokulare Wettstreit beruht auf der wechselseitigen Hemmung im Bereich der visuellen Bereiche des Gehirns und tritt immer auf, wenn auf korrespondierende (gleiche) Netzhautstellen sehr unterschiedliche und deshalb nichtverschmelzbare Reize abgebildet werden. Kleine Unterschiede zwischen schwachen monokularen Reizen werden jedoch gemischt, sodass beispielsweise ein ungesättigtes Gelb und ein ungesättigtes Rot als Mischfarbe Orange wahrgenommen werden können.

3.22 Das dominante Auge

Frage

Vielleicht haben Sie schon einmal von dem „dominanten Auge" gehört. Man spricht auch von „okulärer Dominanz". Was ist das? Und wie können Sie herausfinden, welches Ihr dominantes Auge ist?

Durchführung und Ergebnisse

So können Sie ganz einfach testen, welches Auge Ihr bevorzugtes bzw. dominantes ist. Es gibt verschiedene Methoden, die allerdings recht ähnlich sind, wobei die Grundidee immer gleich ist.

Bei der *Daumenmethode* fixieren Sie mit beiden Augen einen Punkt oder kleinen Gegenstand in etwa 3 m Entfernung. Konzentrieren Sie sich darauf und verdecken Sie den Punkt mit dem Daumen. Dabei kann es so aussehen, als ob Ihr Daumen teilweise verschwindet. Nun schließen Sie abwechselnd jeweils ein Auge. Dabei werden Sie bemerken, dass der Punkt weitgehend verdeckt bleibt oder zur Seite springt. Das Auge, bei dem die Veränderung nur gering ist, ist Ihr dominantes Auge.

Erklärung und Bedeutung

Für diese Dominanz wird oft auch die Bezeichnung „führendes Auge" verwendet. Im Normalfall besitzen beide Augen eine gleiche oder sehr ähnliche Sehschärfe, dennoch ist eines das dominante oder bevorzugte Auge.

Die Augendominanz hängt lose mit der Händigkeit zusammen. Ungefähr 90 % der Menschen sind Rechtshänder und etwa $\frac{2}{3}$ davon bevorzugen das rechte Auge. Die Wahrscheinlichkeit einer rechtsäugigen Dominanz bei einem Rechtshänder ist etwa 2,5-mal größer als eine linksäugige Dominanz. Trotzdem ist es nicht möglich, die Augendominanz allein auf der Grundlage der Händigkeit vorherzusagen.

Als physiologische Ursache der Augendominanz wird, ähnlich wie bei der Händigkeit, die Dominanz einer Hirnhemisphäre angenommen. Bei der Entwicklung und Reifung des Sehsinns in den ersten Lebensjahren entstehen im visuellen Kortex sogenannte Augendominanzsäulen, die jeweils nur Information vom linken oder vom rechten Auge erhalten. Es wird vermutet, dass dies für die Augendominanz verantwortlich ist – in ähnlicher Weise, wie das binokulare Sehen und die Tiefenwahrnehmung dadurch beeinflusst werden.

In unserem Alltag spielt das dominante Auge eine Rolle, wenn wir nur mit einem Auge sehen wie beispielsweise beim Fotografieren oder Mikroskopieren und bei Sportarten wie Bogenschießen oder im Schießsport.

3.23 Gestaltwahrnehmung

Frage

Unsere Umwelt besteht nicht nur aus Linien und anderen einfachen Elementen wie Flächen oder Farben, sondern wir haben sinnvolle Seheindrücke. Dies begannen die Gestaltpsychologen vor etwa 100 Jahren systematisch zu untersuchen[8] und ist unter dem Namen **Gestaltpsychologie** bekannt geworden. Aber wie nehmen Sie komplexe Sehreize wahr? Sehen wir Einzelteile oder etwas Ganzes?

Durchführung und Ergebnisse

Betrachten Sie die geometrischen Muster in der Abb. 3.21. Was fällt dabei auf? Wie unterscheiden sich die Teilbilder A und B? Was können Sie in dem Bild C oder in dem Bild D sehen?

In der Abb. 3.21A erkennt man ein Punktmuster, das entweder in horizontalen oder in vertikalen Reihen angeordnet ist. Dies lässt sich zum Teil auch willkürlich beeinflussen.

In Abb. 3.21B nimmt man spontan Muster wahr, die als vertikale Reihen auftreten. Es ist nicht möglich, horizontale Reihen wahrzunehmen.

Das Kreuz in Abb. 3.21C sieht man entweder als weiße Gestalt auf einem schwarzen Hintergrund oder als schwarzes Kreuz auf weißen Untergrund. Dies lässt sich willentlich beeinflussen, aber man kann kaum beides gleichzeitig sehen.

---

[8] Eine der bekanntesten Veröffentlichungen ist das Buch von Kurt Koffka, Principles of Gestalt Psychology, 1935, Routledge, London.

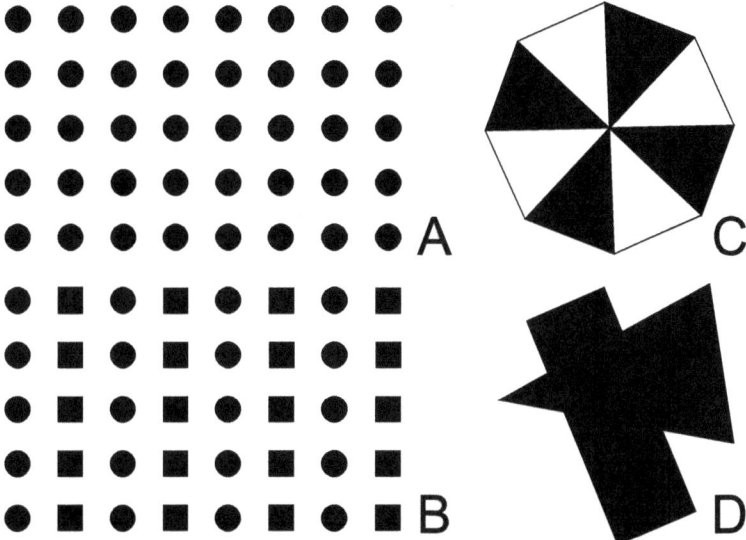

Abb. 3.21 Die unterschiedliche Anordnung einzelner Teile eines Bildes, die einen ganzheitlichen Wahrnehmungseindruck erzeugen. Dies sind geometrische Muster, die zu der Wahrnehmung einer „Gestalt" führen

Die schwarze Figur in Abb. 3.21D ist ein unregelmäßiges geometrisches Muster. Im Allgemeinen nimmt man dies nicht so wahr, sondern man sieht ein schwarzes Dreieck, das von einem Rechteck überlagert ist.

Erklärung und Bedeutung

Wir nehmen unsere visuelle Umwelt nicht in ihren Einzelteilen wahr. Elemente wie Punkte, Linien oder geometrische Figuren können zwar gesehen werden, aber die visuelle Wahrnehmung ist ganzheitlich organisiert. Die Anordnung der einzelnen Reize ist wichtig, wie die Beispiele in der in Abb. 3.21 illustrieren.

Die resultierende Gestaltwahrnehmung ist die Fähigkeit des Gehirns, eine äußere Gestalt von Objekten trotz unterschiedlicher Einzelheiten hervorzuheben. Forscher der sogenannten Gestaltpsychologie formulierten in der ersten Hälfte des 20. Jahrhunderts eine Reihe von Gesetzmäßigkeiten. Diese beziehen sich auf die ganzheitliche Wahrnehmung, die sich nicht aus der Anordnung einfacher Sinnesqualitäten ergibt.

Für das Sehen spielt das Erkennen von „Figur und Hintergrund" eine wichtige Rolle, und Faktoren wie Ähnlichkeit, Kollinearität, gleiche Geschwindigkeit, Richtung, Tiefe und Textur der Objekte werden dabei genutzt.

Ein zentrales Gesetz der Gestaltpsychologie bezieht sich auf die Bedeutung der *Prägnanz*. Damit ist gemeint, dass die Wahrnehmung in einer „guten Gestalt" oder „Einfachheit" resultiert. Jedes Muster wird so gesehen, dass die wahrgenommene Struktur so einfach wie möglich ist.

Eine solche Gestaltqualität beobachtet man auch beim Hören, so verändert sich beispielsweise eine Melodie nicht, wenn alle Töne eine Oktave höher gespielt werden.

3.24 Scheinbewegungen

Frage

Wie Sie wissen, bestehen Kino- oder Fernsehfilme in Wirklichkeit aus der raschen Abfolge sehr vieler einzelner leicht unterschiedlicher Bilder. Ist die Darbietungsfrequenz zu gering, so entstehen unnatürliche, ruckartige Bewegungen wie in sehr alten Filmen. Auch bei Computermonitoren ist die Wiederholfrequenz ein wichtiges Qualitätsmerkmal.

Wie und warum sehen wir bewegte Gegenstände? Müssen diese sich wirklich bewegen?

Durchführung und Ergebnisse

Es ist relativ einfach, sogenannte Scheinbewegungen auszulösen. Geeignet hierfür sind einfache grafische Vorlagen, die aus einzelnen, sinnvoll angeordneten Sehreizen kombiniert werden. Sie können beispielsweise ein Streichholz oder Holzstäbchen an verschiedenen Seiten mit einem schwarzen Punkt markieren wie es in Abb. 3.22A illustriert ist. Dreht man das Stäbchen schnell zwischen zwei Fingern, so sieht man, wie sich der Punkt zu bewegen scheint.

Ähnlich geht man beim *Daumenkino* vor: Einzelne Bilder, die sich entsprechend einem natürlichen Bewegungsablauf verändern, werden auf die Seiten eines Blocks gezeichnet (siehe Abb. 3.22B und C). Blättert man diesen rasch durch, erhält man einen scheinbaren Bewegungsablauf.

Anleitungen, wie man solche Bilder erstellen kann, überlassen Sie Ihrer Phantasie, oder Sie finden sie in verschiedenen Büchern und auch im Internet.

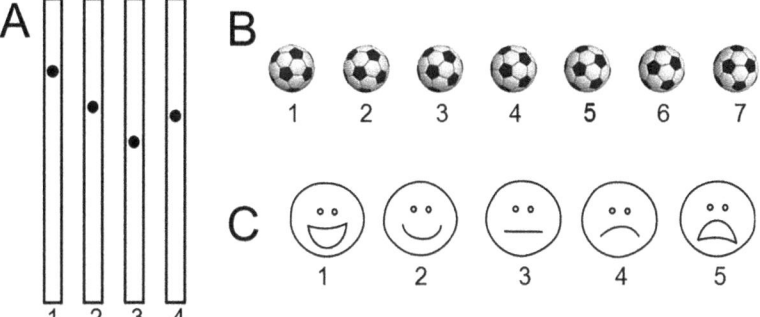

Abb. 3.22 **A** Wenn man ein Holzstäbchen mit einem Punkt markiert wie es in 1, 2, 3, 4 gezeigt ist, sieht man bei rascher Drehung wie sich der Punkt bewegt. **B** und **C** Einfache Vorlagen für ein Daumenkino. Das Betrachten einer schnellen Folge der Teilbilder 1, 2, 3 etc. führt zu einem Bewegungseindruck

Erklärung und Bedeutung

Dass wir eine glatte, kontinuierliche Bewegung eines Gegenstands sehen können, hängt von dem zeitlichen Auflösungsvermögen des Sehsystems ab. Dies wird als *Flimmerfusion* des visuellen Systems bezeichnet. Rasch aufeinanderfolgende Reize führen zu der Wahrnehmung eines kontinuierlichen Reizes. Ein Beispiel sind Leuchtstoffröhren, die wegen ihrer hohen Frequenzen zu Dauerlicht führen. Diese Verschmelzungsfrequenz hängt von physikalischen Faktoren wie Größe einer Lichtquelle oder ihrer Helligkeit sowie dem Adaptationszustand des Betrachters ab.

Unterschiedliche Bilder werden zu einem Bewegungseindruck verschmolzen. Dies geschieht beispielsweise bei Kinofilmen und Trickfilmen oder bei Bildschirmen mit hoher Wiederholfrequenz, die uns eine rasche Folge einzelner Bilder sehen lassen. Bewegte Filme bestehen schließlich aus Tausenden einzelner Bilder, die rasch hintereinander gezeigt werden. Bei einer zu geringen Wiederholungsrate sieht man unnatürliche ruckartige Bewegungen. Deshalb hängt die Qualität von Computermonitoren ebenfalls davon ab.

Eine solche Scheinbewegung ist die wahrgenommene Bewegung physikalisch unbewegter Objekte und ist deshalb eine Bewegungstäuschung.

4

Hören

Auditive Wahrnehmung beruht auf Schwingungen sehr geringer Amplitude, die sich in der Luft und – für uns seltener – auch in Wasser oder festen Körpern ausbreiten. Ohne ein Medium kann sich Schall nicht ausbreiten, im Vakuum wie beispielsweise dem Weltall herrscht absolute Stille. Für den Menschen relevante Hörreize erreichen uns normalerweise über die Luft; sie können jedoch auch über die sogenannte Knochenleitung das Innenohr erreichen. Und auch unter Wasser können wir Schall hören. Während Fledermäuse Ultraschall von sehr hoher oder Elefanten Infraschall von sehr niedriger Frequenz wahrnehmen können, liegen die für den Menschen hörbaren Frequenzen zwischen 16 Hz und 16 kHz (siehe Tab. 2.1). Tiere wie Fledermäuse oder auch Säugetiere wie Elefanten und auch unsere Haustiere, Hunde und Katzen, hören in deutlich anderen Frequenzbereichen als wir Menschen.

Wie beim Sehen das Auge das Licht empfängt, sind die Ohren mit Ohrmuschel, Gehörgang und Trommelfell die Strukturen, die die Luftschwingungen aufnehmen. Dieser Bereich wird dem *äußeren Ohr* zugerechnet. Im *Mittelohr* werden die physikalischen Schwingungen durch das Trommelfell und die Kette der Gehörknöchelchen verstärkt, um die feinen Fortsätze der Rezeptoren des *Innenohrs* durch die mechanische Abscherung oder Verbiegung neuronal zu erregen. Das Innenohr liegt in der Hörschnecke oder Cochlea im Felsenbein, dem härtesten Knochen des menschlichen Skeletts. Sie besitzt beim Menschen zweieinhalb Windungen und enthält die für das Hören zuständigen Rezeptoren, die für verschiedene Frequenzen spezialisiert sind. Zum Innenohr gehört außerdem das Gleichgewichtsorgan (siehe Kap. 5).

Die Rezeptoren sind sogenannte Haarzellen, die aus einem Zellkörper bestehen, aus dem viele feine Härchen hervorragen. Daher stammt der Name.

Diese werden mechanisch durch die Bewegung der Membranen des Innenohrs erregt und sind für die Aufnahme des Reizes zuständig. Die ausgelösten Signale werden in Form von elektrischen Aktionspotentialen über den Hörnerv zu spezialisierten Strukturen in Hirnstamm, Zwischenhirn und Großhirn geleitet. Dort erfolgt die Integration vieler Aktivitätsmuster und Einflüsse aus anderen Hirnregionen, was zu einem verständlichen Höreindruck führt. Hören von Musik und vor allem das Verstehen von gesprochener Sprache beruhen außerdem auf umfangreichen Lernprozessen. Wie das erfolgreiche Lernen und Verstehen einer Fremdsprache zeigt, ist dies lebenslang möglich, obwohl dies für Kinder und Jugendliche deutlich einfacher ist als für Ältere.

4.1 Empfindungsspezifität von Vibrationen

Frage

Mechanische Erschütterungen können verschiedene Sinneszellen in unterschiedlichen Bereichen unseres Körpers erregen. Wir bemerken dies beispielsweise beim Fahren über unebenes Gelände, wenn sich das Vibrieren des Fahrzeugs auf den Körper überträgt oder wenn wir einen vibrierenden Gegenstand anfassen. Auch die Töne eines lauten vibrierenden Lautsprechers können wir spüren.

Wie und wo bemerken wir solche Vibrationen? Testen Sie es!

Durchführung und Ergebnisse

Setzen Sie eine angeschlagene und vibrierende Stimmgabel auf verschiedene Stellen des Körpers. Auf Muskeln oder der Fingerkuppe und Knochen wie dem Ellbogen empfinden Sie ein oft unscharf begrenztes Kribbeln oder Vibrieren auf der Haut. Wird die Stimmgabel auf das Mastoid, den Schädelknochen hinter dem Ohr gesetzt, so hört man einen Ton, der der Schwingungsfrequenz der Stimmgabel entspricht. Auch wenn Sie den Gehörgang mit einem Finger verschließen, hören Sie den Ton, der durch den Schädelknochen direkt das Innenohr erreicht.

Erklärung und Bedeutung

Vibrationen breiten sich als mechanische Wellen über das Gewebe und auch unsere Knochen aus. In der Haut befinden sich Rezeptoren, die nicht auf

Druck oder Berührung reagieren, sondern ausschließlich auf rasche Änderungen, wie sie Vibrationen darstellen. Dies sind die sogenannten Vater-Pacini-Körperchen, die die Wahrnehmung mechanischer Vibration vermitteln (siehe Abschn. 6.1).

Wenn die Stimmgabel auf das Mastoid in der Nähe des Ohrs gesetzt wird, erreichen Vibrationsreize über die Knochenleitung das Innenohr. Die Knochen werden in leichte Schwingungen versetzt, und auf diese Weise werden die Rezeptoren des Innenohrs erregt und das Trommelfell wird umgangen. Deshalb löst die Stimmgabel nun keine Vibrationsempfindung, sondern die Wahrnehmung eines Tons aus. Natürlich hört man zusätzlich die Schwingungen, die durch die Luftleitung zum Ohr gelangen. Der Unterschied zwischen Luft- und Knochenleitung wird verwendet, um Hörstörungen zu diagnostizieren und einzugrenzen. Dies ist im nächsten Experiment über das Vorgehen beim Prüfen des Gehörs genauer erklärt.

4.2 Gehörprüfung mit Stimmgabeln

Frage

Stimmgabeln kennen Sie aus der Musik, wo sie bestimmte Töne vorgeben und zum Stimmen von Musikinstrumenten eingesetzt werden. Aber auch in der Medizin finden sie Anwendung. Schwingungen erreichen uns nämlich nicht nur durch die Luft, sondern auch über den Schädelknochen.

Wie kann entschieden werden, ob bei einem Hörverlust das Innenohr oder das Mittelohr geschädigt ist? Wie klingt ein Ton bei Luftleitung und bei Knochenleitung? Zwei einfache Tests mit einer Stimmgabel können hier rasch und ohne viel Aufwand wertvolle Information geben.

Durchführung und Ergebnisse

Wir unterscheiden zwei verschiedene Tests, den Weber-Versuch und den Rinne-Test. Diese Verfahren sind nach dem Physiologen Ernst Heinrich Weber[1] und dem Otologen Heinrich Adolf Rinne[2] benannt. Beide Methoden setzen voraus, dass man weiß, auf welcher Seite der Patient schwerhörig ist.

---

[1] Ernst Heinrich Weber (1795–1878), deutscher Physiologe, der sich ausführlich mit sinnesphysiologischen Themen beschäftigte.
[2] Heinrich Adolf Rinne (1819–1868) deutscher Ohrenarzt.

1. Weber-Versuch. Man setzt eine vibrierende Stimmgabel auf die Kopfmitte auf. Dieser Reiz erreicht über die Knochenleitung gleichzeitig das Innenohr auf beiden Seiten. Der Proband soll angeben, von wo der Ton zu kommen scheint. Ein Gesunder hört den Ton der Stimmgabel in beiden Ohren gleich, deshalb hat er den Eindruck, der Ton käme aus der Mitte des Kopfes. Dies können Sie auch an sich testen.

Hält man sich ein Ohr zu oder verschließt man den Gehörgang mit dem Finger, so scheint der Ton aus dieser Richtung zu kommen, denn er klingt lauter. Auf diese Weise kann man ganz einfach eine Fehlfunktion seines Mittelohrs simulieren.

2. Rinne-Versuch. Die schwingende Stimmgabel wird auf den Warzenfortsatz (Mastoid, der Teil des Schädelknochens, der sich direkt hinter dem Ohr befindet) gesetzt. Die Wahrnehmung entsteht zunächst durch die Knochenleitung. Sobald Ihr Proband angibt, den Ton nicht mehr zu hören, wird die Stimmgabel direkt vor das Ohr gehalten. Die Schallwellen erreichen nun das Ohr über die Luft, wofür wir empfindlicher als für die Knochenleitung sind. Ein gesunder Mensch gibt an, den Ton nun wieder zu hören. Dies nennt man „Rinne positiv" und beruht darauf, dass die Luftleitung immer besser als die Knochenleitung ist.

Erklärung und Bedeutung

Diese Tests werden eingesetzt, um auf einfache Weise eine **Schallempfindungsstörung** von einer **Schallleitungsstörung** zu unterscheiden. Die Schallempfindung wird über das Innenohr vermittelt, wo sich die empfindlichen Rezeptoren befinden, die die Schwingungen registrieren und die ausgelöste neuronale Aktivität an das Gehirn leiten. Die Schallleitung ist die Funktion des Gehörgangs und des Mittelohrs, das den Schalldruck über das Trommelfell und die Gehörknöchelchen verstärkt und an das Innenohr weiterleitet.

Bei einer einseitigen *Schallempfindungsstörung* wird der Ton vom besser hörenden, gesunden Innenohr lauter als von dem erkrankten Innenohr wahrgenommen. Ein Ton scheint von dieser Seite zu kommen. Man sagt, dass der Patient den Höreindruck in das gesunde Ohr „lateralisiert".

Bei einer asymmetrischen *Schallleitungsstörung* wird jedoch der Ton überraschenderweise im erkrankten Ohr lauter gehört. Der Grund hierfür ist, dass von einem intakten Mittelohr Schallenergie aus dem Innenohr über die Gehörknöchelchen auf das Trommelfell übertragen wird und in die Luft abstrahlt. Dieser Teil der von der Stimmgabel über Knochenleitung direkt dem Innenohr zugeführten Schallenergie kommt deshalb normalerweise nicht im Innenohr zur Wirkung. Wenn das Mittelohr nicht in der Lage ist, den Schall korrekt zu übertragen, wie bei einer Mittelohrschwerhörigkeit (beispielsweise bei einem Defekt des Trommelfells oder einer Versteifung der Gelenke zwischen den Gehörknöchelchen bei einer chronischen Mittelohrentzündung), so bleibt diese Schallenergie im Innenohr, der Schall wird in diesem Ohr lauter wahrgenommen als im gesunden Ohr der anderen Seite. Außerdem ist die Empfindlichkeit des Innenohrs auf der Seite der Schallleitungsstörung größer als normal, weil die ganze Zeit über keine Geräusche aus der Umwelt das Innenohr erreichen. Dadurch adaptiert das erkrankte Ohr und ist empfindlicher.

Diese beiden Tests, die ohne weiteren technischen Aufwand rasch durchgeführt werden können, werden in der Hals-Nasen-Ohren-Heilkunde zur kursorischen Prüfung des Gehörs eingesetzt, um eine Schädigung des Mittelohrs von der des Innenohrs zu unterscheiden. So geben sie bei einem einseitigen Hörverlust erste wichtige Information über die Ursache einer Schwerhörigkeit. Natürlich werden danach zur weiteren Diagnose zusätzliche Untersuchungen der Hörfunktion des Patienten durchgeführt.

Der Einfluss der Knochenleitung auf unser normales Hören zeigt sich, wenn diese wegfällt. Wenn Sie eine Aufnahme Ihrer eigenen Stimme hören, so klingt diese sehr ungewohnt und fremd, weil wir beim Sprechen immer auch die Schallwellen wahrnehmen, die sich innerhalb des Kopfes durch den Schädelknochen hindurch ausbreiten. Diese zusätzliche Information fehlt bei den technischen Tonaufnahmen und ihrer Wiedergabe.

4.3 Richtungshören

Frage

Wir haben nicht nur zwei Augen, sondern auch zwei Ohren. Ähnlich wie beim räumlichen Sehen (siehe Abschn. 3.20), wird durch die Verarbeitung von Reizen beider Ohren ein räumlicher Eindruck vermittelt. Dies ist die physiologische Grundlage für die Funktion von Stereoanlagen.

Wie genau können wir eine Schallquelle beim Hören lokalisieren? Dies hängt von minimalen Zeitunterschieden ab, mit denen die Schallwellen auf unsere Ohren treffen. Kommt der Schall von links, so erreicht er das linke Ohr etwas früher als das rechte Ohr und umgekehrt. Wie groß müssen diese Unterschiede sein, um bemerkt zu werden?

Durchführung und Ergebnisse

Für diese Untersuchung verwenden Sie ein Stethoskop, dessen Ohrstücke mit einem langen Gummi- oder Plastikschlauch verbunden sind. Oder Sie nehmen einen dünnen Schlauch, dessen Enden so angepasst sind, dass sie in den Gehörgang gesteckt werden können. Die Testperson darf den Schlauch nicht sehen können.

Schlägt man mit einem Bleistift genau auf die Schlauchmitte, so kommt der Schall an beiden Ohren gleichzeitig an, und ein normalhörender Proband lokalisiert die Schallquelle in der Mitte vorne oder hinten (Sagittalebene). Klopft man auf den Schlauch in einem Abstand D cm rechts vom Mittelpunkt, so entsteht eine zusätzliche Entfernung s = 2D cm für den Weg bis zum linken Ohr. Mit einem Filzstift markiert man auf dem Schlauch den Abstand von der Mitte im Abstand von jeweils 1 cm.

Der Schlauch wird in unregelmäßiger Reihenfolge jeweils 20 Mal zwischen jeder cm-Markierung von 6 cm links bis 6 cm rechts leicht angeschlagen. Die Versuchsperson soll angeben, ob die Schallquelle links oder rechts zu liegen scheint. Der Proband muss sich für eine Antwort entscheiden, auch wenn er unsicher ist; eine Angabe „Mitte" ist nicht zulässig. Die Urteile „Links" bzw. „Rechts" werden in den oberen Teil der Tabelle in 4.1 notiert.

Die Zahl der aufsummierten Eintragungen „Rechts" wird dann in das untere Diagramm eingetragen. Dies resultiert in einer Kurve, die die konkreten Antworten zeigt. Als Schwelle wird ein Wert von 75 % richtiger Antworten definiert. Bei 20 Durchgängen pro Punkt sind dies 15 korrekte Aussagen. Man muss berücksichtigen, dass die Wahrscheinlichkeit, zufällig 15 richtige Antworten zu erhalten, weniger als 2 % beträgt, dies besitzt jedoch für unsere Auswertung keinen Einfluss. Dasselbe gilt für die Größe L, für die man folglich im Durchschnitt bei 25 % die Antwort R erwarten kann. Wird der Schlauch im Abstand D von der Mitte angeschlagen, so ergibt sich für den Schall eine Wegdifferenz von 2D. Aus diesen Werten lassen sich der Winkel zur Schallquelle und die Zeitdifferenz berechnen.

Zur Auswertung der gewonnenen Werte lässt sich der Winkel berechnen, aus dem der Ton zu kommen scheint. Dafür orientiert man sich an der Abb. 4.2. Den Abstand der beiden Ohren des Probanden kann man messen oder einen Wert von 21 cm annehmen. Die Schallgeschwindigkeit c beträgt 340 m/s. Den zusätzlichen Weg Δs berechnet man wie folgt als $\Delta s = b * \sin \alpha$. Daraus folgt für den Winkel zwischen Schallquelle und Sagittalebene $\sin \alpha = \Delta s / b$. Berücksichtigt man die Schallgeschwindigkeit, so kann man auch die zeitliche Verzögerung berechnen als $\Delta t = \frac{b * \sin \alpha}{c}$.

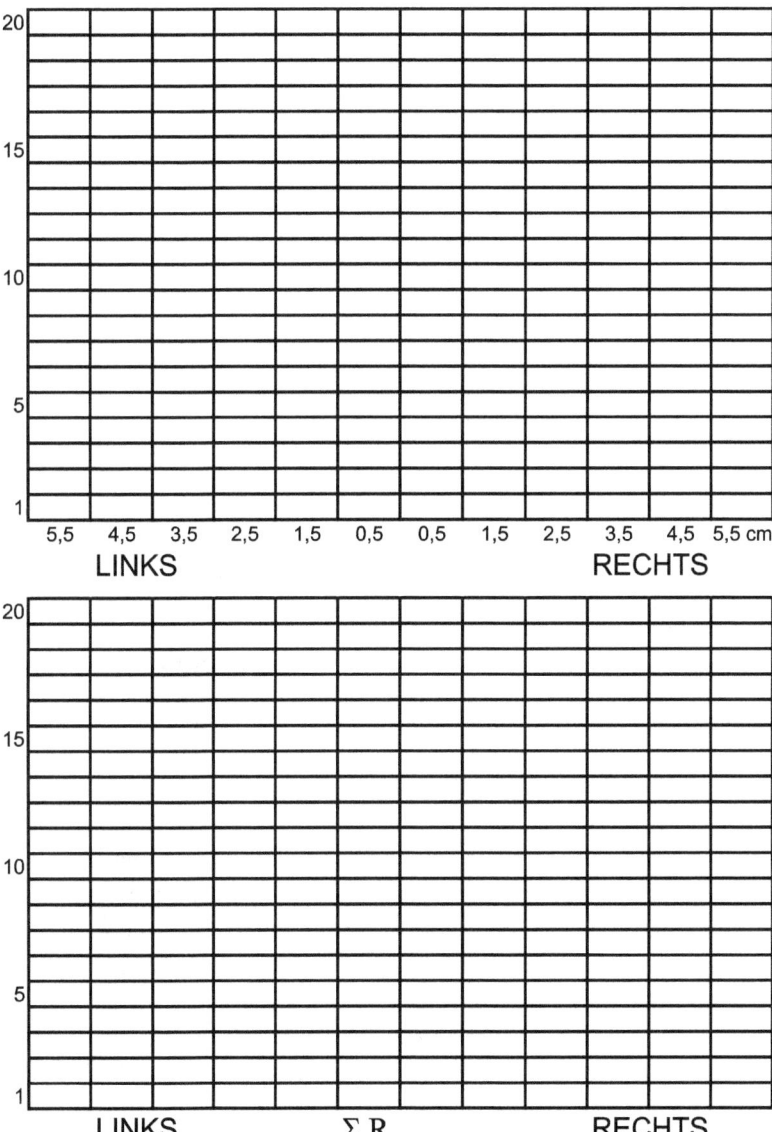

Abb. 4.1 Tabelle zur Auswertung des Richtungshörens. Oberer Teil: Antworten „L" oder „R". Unterer Teil: Anzahl der aufsummierten Antworten „R"

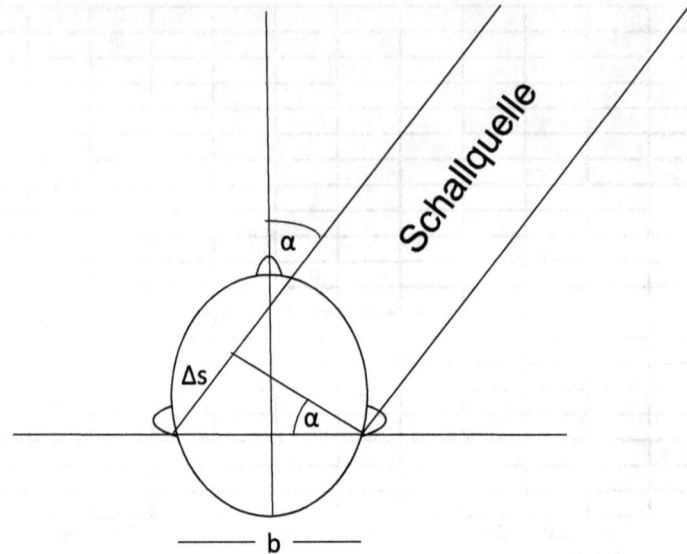

Abb. 4.2 Schema zu Berechnung des minimalen Winkels, aus dem der Schall kommt und der Zeitdifferenz zwischen den Ohren. b = Ohrenabstand, α = Winkel zwischen der Sagittalebene und der Schallquelle, Δs = der zusätzliche Weg zwischen Schallquelle und dem abgewandten Ohr

Erklärung und Bedeutung

Tiere und Menschen besitzen zwei Ohren, die ihnen erlauben zu erkennen, aus welcher Richtung der Schall kommt. Wir sind in der Lage, eine Geräuschquelle sehr genau zu lokalisieren. Die Richtungsempfindung einer Schallquelle beruht hauptsächlich auf der zeitlichen Differenz, mit der der Schall an beiden Ohren ankommt. Ist die Differenz gleich Null, lokalisieren wir die Schallquelle in der Sagittalebene (also in der Mitte), ohne unbedingt sagen zu können, ob der Schall von vorne oder von hinten kommt. Wenn eine Schallquelle nicht unmittelbar geradeaus vor oder hinter uns liegt, dann erreicht der Schall die beiden Ohren mit einer leichten Verzögerung, weil der Weg zu dem der Schallquelle abgewandten Ohr etwas weiter ist. Diese Laufzeitdifferenzen sind sehr gering: Ein Unterschied von 30 μs (Mikrosekunden!) genügt, und wir können eine Abweichung einer Schallquelle von nur 3° von der Geradeausrichtung bemerken.

Ein weiterer Faktor, der zum Richtungshören beiträgt, ist der Schallschatten, der durch unseren Schädel verursacht wird und die Intensität des Reizes an dem gegenüberliegenden Ohr verringert. Dies hilft uns ebenfalls zu erkennen, aus welcher Richtung der Schall eintrifft.

Beides, die zeitlichen Verzögerungen und die Intensitätsdifferenzen der Schallsignale, wird bei der stereophonen Wiedergabe von Musik oder Sprache in Stereoanlagen eingesetzt.

4.4 „Erster" und „zweiter" Schall

Frage

Nachdem wir erfahren haben, dass wir Schallquellen sehr genau lokalisieren können, geht es hier um den Einfluss des zeitlichen Ablaufs unseres Höreindrucks. Wie gut können wir Schallquellen lokalisieren, deren Signale zeitlich getrennt sind? Wovon hängt dies ab? Sie können das relativ einfach mit Ihrer Stereoanlage überprüfen.

Durchführung und Ergebnisse

Wenn Sie Ihre Stereoanlage auf „mono" stellen, dann kommen zwei identische Signale aus den beiden Boxen, wie beispielsweise Musik oder einfache Töne. Befindet man sich genau in der Mitte zwischen den beiden Lautsprechern, scheint der Schall aus der Mitte dazwischen zu kommen. Rücken Sie etwas nach rechts oder links, gewinnen Sie den Eindruck, der Schall käme ausschließlich aus dem näheren Lautsprecher. Dieses Phänomen wird als Präzedenzeffekt bezeichnet.

Die Abb. 4.3 illustriert dies schematisch für die gleichzeitige (links) und verzögerte Darbietung von identischen Tönen. Bei einer kurzen Verzögerung von weniger als 5 ms gibt der Proband an, ausschließlich den Ton zu hören, der zuerst eintrifft.

Erklärung und Bedeutung

Schallquellen können eigentlich wegen des auftretenden Echos in einem geschlossenen Raum nicht genau lokalisiert werden. Dieser sogenannte *Präzedenzeffekt* – oder das *Gesetz der ersten Wellenfront* – besagt, dass der erste Schall, der auf das Ohr trifft, bestimmt, von wo der Schall zu kommen scheint. Dies gilt, wenn zwei identische oder sehr ähnliche Schallereignisse die Ohren eines Hörers erreichen.

Das Erkennen der Richtung hängt von der zeitlichen Verzögerung der Schallsignale zwischen dem rechten und linken Ohr ab. Bei zeitlichen Ab-

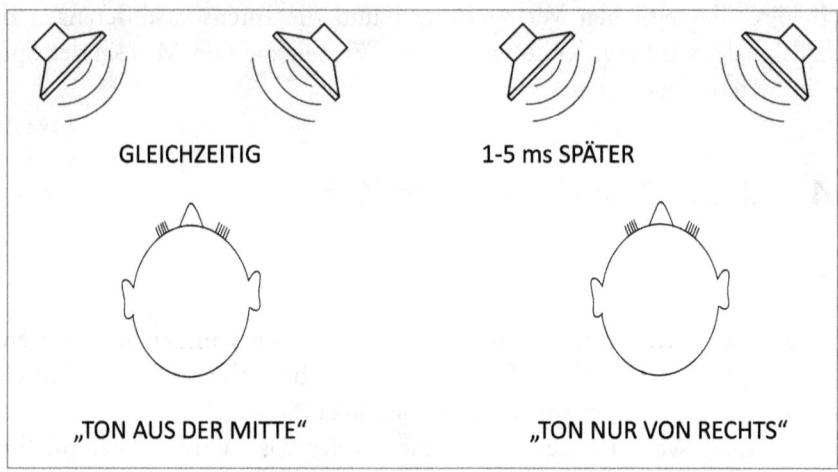

Abb. 4.3 Schematische Darstellung des Präzedenzeffekts. Kommen die Signale gleichzeitig von beiden Lautsprechern, so wird die Schallquelle in der Mitte dazwischen lokalisiert. Wird der Ton wenige Millisekunden später mit dem linken Lautsprecher dargeboten, wird nur die rechte Schallquelle wahrgenommen

ständen zwischen zwei Schallereignissen von mehr als 5 ms erreicht der Schall erst das nähere und dann das der Schallquelle abgewandte Ohr. Der Schall scheint erst aus dem einen, dann aus dem anderen Lautsprecher zu kommen. Bei einer Verzögerung zwischen 1 und 5 ms hat man den Eindruck, der Schall käme ausschließlich aus nur einem Lautsprecher. Dadurch wird auch die Wahrnehmung von Echos auf den ersten Reiz unterdrückt, und sie ist vor allem in Räumen mit starkem Echogehalt verbessert.

Der Präzedenzeffekt kann nur durch die zeitlichen Unterschiede, nicht aber durch eine unterschiedliche Lautstärke der beiden Signale erklärt werden.

Wenn man die Schallgeschwindigkeit kennt, lässt sich die zeitliche Verzögerung bei verschiedenen Entfernungen einfach berechnen als $t = S\ [m]\ /\ 340\ [m/s]$. Bei einem Unterschied der Strecke von 1,5 m beträgt die zeitliche Verzögerung 4,41 ms, und die Schallquelle wird entsprechend lokalisiert.

4.5 Geräusche von Lebensmitteln

Frage

Nicht nur Sprache, Sprechen und Musik oder technische Geräte erzeugen Schall. Überraschenderweise spielt dies auch beim Essen eine Rolle.

Ist es möglich, Lebensmittel anhand ihrer Geräusche zu identifizieren? Machen Sie einmal die folgenden geschmackvollen Experimente.

Durchführung und Ergebnisse

Als Material verwenden Sie Lebensmittel, die eine feste Konsistenz besitzen wie beispielsweise Äpfel, Karotten, Gurken, Nüsse, Knäckebrot, Chips oder andere Geräusche machende Lebensmittel; auch eine Bierflasche oder Mineralwasserflasche sind geeignet.

Der Versuchsperson werden die Augen verbunden und eine andere Person macht mit den Lebensmitteln typische Geräusche. Die Karotte oder Gurke werden gebrochen, Chips und Knäckebrot machen beim Kauen Geräusche. Eine Bier- oder Mineralwasserflasche zischt beim Öffnen.

Wir sind erstaunlich gut dabei, Lebensmittel nur aufgrund ihrer Geräusche zu erkennen. Aufgrund unserer Erfahrung sind Geräusche sehr charakteristisch für ein Lebensmittel, sie geben uns sofort über die mechanischen Eigenschaften (hart – weich, knackig – breiig, usw.) des Lebensmittels Auskunft.

Erklärung und Bedeutung

Fast alle Lebensmittel machen beim Essen Geräusche, die charakteristisch für ein bestimmtes Produkt sind. Wir haben dies über Jahrzehnte unbewusst gelernt. Die zugehörigen Geräusche informieren uns rasch und zuverlässig über die mechanischen Eigenschaften des Lebensmittels. Was wir hören, lässt uns eine bestimmte Konsistenz erwarten.

Die Empfindungen eines Geschmacks treten normalerweise nie isoliert auf, sondern sie sind mit Information über Geruch, Temperatur und den mechanischen Eigenschaften und der Textur des jeweiligen Geschmacksstoffs gemischt.

Wird unsere Erwartung an die Textur oder die Konsistenz eines Lebensmittels enttäuscht, so bewerten wir dies negativ. Manche Lebensmittel müssen knusprig sein: Weiche Brötchen, Knäckebrot, Chips und Kekse oder breiartige Lebensmittel wie die „Astronautennahrung" aus der Tube werden geschmacklich nicht geschätzt, auch wenn sie identische Inhaltsstoffe wie gewöhnliche Lebensmittel enthalten. Der Einfluss des Spürens der Nahrung wird als Mundgefühl bezeichnet, das durch die Konsistenz und andere sensorische Merkmale definiert ist.

5

Gleichgewicht

Der Gleichgewichtssinn wird auch *vestibuläre Wahrnehmung* genannt und hat die Aufgabe, uns über die Lage unseres Körpers im Raum zu informieren, um eine stabile ausbalancierte Körperhaltung in Ruhe und bei Bewegungen zu erzielen. Aufgrund der immer vorhandenen Einwirkung der Schwerkraft auf unseren Körper muss diese genauso wie eigene Bewegungen registriert und abgeglichen werden, um das Gleichgewicht halten zu können. Nur so können wir uns sicher bewegen. Dabei laufen viele unbewusste Prozesse gleichzeitig ab. Der Gleichgewichtssinn ist in alle motorischen Prozesse eingebunden, die beim Stehen, Sitzen, Gehen und Laufen und bei allen anderen Bewegungen aktiviert werden.

Die zugehörigen Rezeptoren haben ihren Sitz in dem sogenannten **Vestibularapparat** des Innenohrs, das aus den sogenannten Bogengängen besteht und auch als *vestibuläres Labyrinth* bezeichnet wird. Dies erlaubt uns, Drehbewegungen wahrzunehmen. Ein zweites Sinnessystem, das sich ebenfalls im Innenohr befindet, sind die *Makulaorgane*, die auf lineare Beschleunigungen reagieren.

Komplexe Bewegungen wie Stehen oder Laufen und Fahrradfahren beruhen auf einem intakten Seh- und Gleichgewichtssinn. Und auch die **Propriozeption** (Wahrnehmung aus den Muskeln und Sehnen, siehe Experiment zu Die Rückmeldung der Propriozeption) spielt eine wichtige Rolle. Dadurch erhält das Nervensystem Information über die Stellung und die Bewegung von Gelenken, Sehnen und Muskeln. Dies wird auch als Tiefensensibilität bezeichnet.

5.1 Der Einfluss des Sehens

Frage

Ist Ihnen schon einmal aufgefallen, dass das Stehen auf einem Bein oder das Balancieren im Dunklen nicht ganz so einfach sind? Offenbar fehlen bestimmte Nachrichten, die uns normalerweise das Sehsystem vermittelt.

Daraus ergeben sich Fragen: Genügt die sensorische Information des Gleichgewichtsorgans alleine, um problemlos stehen oder gehen zu können? Und wie nehmen wir unsere eigenen aktiv oder auch passiv durchgeführten Bewegungen wahr? Bemerken Sie Unterschiede?

Durchführung und Ergebnisse

Versuchen Sie, auf einem Bein zu stehen und schließen Sie dabei die Augen. Sicher werden Sie bemerken, dass man durchaus auch ohne sehen zu können, sein Gleichgewicht halten kann.

Man kann auch mit geschlossenen Augen *einigermaßen* sicher geradeaus gehen. Wesentlich schwieriger ist es, wenn wir die Augen beim Radfahren oder Schlittschuhlaufen schließen. Dies empfiehlt sich aber wegen der Unfallgefahr nicht; Sie sollten es nicht ausprobieren!

All diese Bewegungen fallen uns deutlich leichter, wenn wir gleichzeitig Information über unseren Sehsinn erhalten, und wir uns dann sicherer fühlen. Unter dem Einfluss von Alkohol werden wir unsicher, weil dieser das Gleichgewichtsempfinden stört.

Ähnlich ist es, wenn wir eine randvoll gefüllte Tasse oder ein Glas tragen und beim Gehen die Augen schließen. Dies misslingt meistens, und noch ausgeprägter ist es, wenn wir dabei über Treppen steigen. Können wir aber das Glas und die Umgebung sehen, bereitet uns das sichere Tragen normalerweise keine Schwierigkeiten.

Bewegt man sich selbst oder wird man bewegt, kann es zu Wahrnehmungstäuschungen kommen. In einem Flugzeug verliert man das Gefühl für die Bewegung, die die ganze Zeit über gleichförmig ist; vor allem wenn man sich an keinen äußeren Sichtmarken wie Wolken oder Bergen orientieren kann, hat man das Gefühl, unbewegt zu schweben.

Sitzt man in einem fahrenden Auto und beobachtet ein Flugzeug am Himmel, hat man den Eindruck, es flöge nicht in die Richtung seiner Längsachse, sondern schräg dazu.

Erklärung und Bedeutung

Die Wahrnehmung des Gleichgewichts beruht zwar in erster Linie auf den Rezeptoren des Gleichgewichtsorgans, aber andere Modalitäten spielen auch eine Rolle. Die Information des Vestibularapparats wird mit der Information unserer Augen und der *Propriozeption*, der Wahrnehmung der Muskelspannung der Extremitäten und des Halses und Nackens, integriert.

Dabei spielt das Kleinhirn eine bedeutende Rolle. Bei krankhaften Veränderungen dieser Hirnstruktur oder unter dem Einfluss von Alkohol sind das sichere Stehen und Gehen deutlich eingeschränkt. Deshalb ist das unsichere Laufen auf einer Linie mit geschlossenen Augen ein Anzeichen für einen hohen Alkoholspiegel. Solche Bewegungsstörungen werden als **Ataxie** bezeichnet.

Viele Menschen fühlen sich auf dem einen sicherer als auf dem anderen Bein. In ähnlicher Weise gibt es bei uns und auch bei Primaten eine bevorzugte Körperseite, was als Händigkeit bezeichnet wird. Und auch im Sport wie beispielsweise beim Fußballspielen bevorzugen viele Menschen eine Seite.

Die Bewegungstäuschung im Flugzeug hat ihre Ursache in der Tatsache, dass verwertbare Informationen aus dem Sehsystem fehlen; im Innenraum des Flugzeugs haben wir keine Anhaltspunkte, die uns erlauben, die Bewegung zu erkennen. Die konstante Bewegungsgeschwindigkeit suggeriert außerdem, dass wir uns in Ruhe befinden.

Besteht widersprüchliche Information aus verschiedenen Sinnessystemen, kommt es zum Unwohlsein. Dies beobachtet man bei der Reisekrankheit *(Kinetose)* oder bei der Seekrankheit, wenn verschiedene nichtübereinstimmende Sinneseindrücke an das Gehirn gemeldet werden. Viele Menschen reagieren darauf mit Müdigkeit, Kopfschmerzen sowie Schwindelgefühl, Übelkeit und Erbrechen. Dies kann auch während Autofahrten auftreten, beispielsweise wenn man in einem fahrenden Auto liest, wobei es ebenfalls eine Diskrepanz zwischen einer Erregung des Gleichgewichtsorgans und der des Sehsystems gibt.

5.2 Die Rückmeldung der Propriozeption

Frage

Die Wahrnehmung unseres Körpers beruht auch auf der Rückmeldung aus unserem Bewegungsapparat. Durchblutungsstörungen bei niedrigem Blutdruck oder nach dem raschen Aufstehen führen oft zu kurzfristiger Unsicherheit bei

Bewegungen und dem Aufrechterhalten des Gleichgewichts. Das haben Sie vielleicht schon einmal erlebt.

Wie wichtig ist die Information, die uns aus unserer Muskulatur und Sehnen sowie den Gelenken erreicht? Was geschieht, wenn wir diese sensorische Rückmeldung unterbrechen?

Durchführung und Ergebnisse

Wir können die in den Gliedmaßen gemessene Information ausschalten: Mit einer stark aufgepumpten Blutdruckmanschette oder einem kräftig um den Oberarm geschlungenen breiten Tuch wird die Durchblutung gedrosselt. Sie können dies ohne Schäden mehrere Minuten lang machen.

Nun prüft man, wie sich das Tasten kleinerer Gegenstände mit dem Finger anfühlt und wie gut man feine Bewegungen durchführen kann. In ähnlicher Weise wird man feststellen, wie das Gehen und Laufen verändert wird und sich merkwürdig anfühlt. All diese fein abgestimmten Bewegungen fallen uns schwer, wenn die Durchblutung unterbrochen ist.

Erklärung und Bedeutung

Wir wissen aus unserer Erfahrung im Alltag, dass uns Bewegungen schwerfallen, wenn die sensorische Rückmeldung von den Gliedmaßen unterbrochen ist. Wird die Durchblutung bei übereinandergeschlagenen Beinen eine Zeitlang unterbrochen oder erhalten wir eine schmerzbetäubende Spritze, so sind das Aufstehen oder andere Bewegungen oft nahezu unmöglich. Es fällt auch schwer, das Gleichgewicht zu halten. Komplexe feinmotorische Handlungen illustrieren ebenfalls, wie eng Sensorik und Motorik zusammenarbeiten. Beim Essen ist es wichtig, dass Bewegungen von Zunge und Lippen mit denen der Kaumuskulatur koordiniert werden. Unsere Zähne sind sehr hart, die Kiefermuskulatur ist stark (bis zu $800\,N/cm^2$), und kraftvolles Zubeißen kann im Mundraum zu Verletzungen führen. Wer beim Zahnarzt eine Spritze zur Betäubung erhalten hat, weiß dies: Zum einen hat man ein merkwürdiges Gefühl, weil größere Bereiche der Mundhöhle sowie Zunge und Lippen teilweise ohne Empfindung sind, zum anderen kann es geschehen, dass man sich unabsichtlich in die Zunge oder Wange beißt, weil man kein Gefühl für die Steuerung der feinen Bewegungen von Zunge oder Kiefer hat.

Krankheiten, die mit Durchblutungsstörungen der Extremitäten einhergehen, verursachen ebenfalls Taubheitsgefühle oder Schwäche in den Beinen oder Armen. Dies schränkt unsere Beweglichkeit und Bewegungssicherheit ein.

5.3 Die Auswirkung von Rotation

Frage

Wird auch Ihnen manchmal schlecht, wenn Sie auf dem Jahrmarkt Karussell fahren? Das liegt meist daran, dass dabei unser Gleichgewichtssinn ungewohnt starken Reizen ausgesetzt wird.

Durch welche Reize wird unser Gleichgewichtsorgan aktiviert? Und welche Bedeutung kann dies bei der medizinischen Diagnostik haben?

Durchführung und Ergebnisse

1. Nystagmus bei Drehung[1]. Eine Versuchsperson setzt sich auf einen Drehstuhl, den Sie andrehen und nach längerer kontinuierliche Bewegung plötzlich anhalten. Bei aufmerksamer Beobachtung können Sie sehen, wie sich die Augen der Testperson ruckartig bewegen. Zu Beginn der Drehung geht die Bewegung in die Drehrichtung, bei einem plötzlichen Abstoppen in die Gegenrichtung.

2. Reizung des Gleichgewichtsorgans durch Temperaturänderung. Bei einer Versuchsperson wird der äußere Gehörgang auf einer Seite mit einer kleinen, stumpfen Plastikspritze mit warmem oder kaltem Wasser gespült. Es ist wichtig, dass das Trommelfell intakt und nicht geschädigt ist. Das Wasser soll möglichst genau 43 °C warm oder 20 °C kalt sein. Die Versuchsperson legt den Kopf in den Nacken, sodass er um 60 °C von der Waagrechten nach hinten abweicht. Dann steht der sogenannte horizontale Bogengang des Vestibularapparats senkrecht.

Man kann nun eine ruckartige Bewegung der Augen sehen, deren Richtung bei warmem und kaltem Wasser gegensätzlich ist. Setzt man eine vergrößernde Brille oder Linse vor die Augen, so kann man den Effekt deutlicher sehen. Außerdem wird dadurch verhindert, dass die Versuchsperson einen Gegenstand fixiert, sodass der helfende Einfluss des Sehens verringert wird.

---

[1] Die unkontrollierbaren, regelmäßigen Bewegungen der Augen werden als okulärer Nystagmus bezeichnet

Erklärung und Bedeutung

Ein Nystagmus ist eine rhythmische Augenbewegung, die verschiedene Ursachen haben kann. Im Normalfall dient dies dazu, die visuelle Umwelt stabil zu halten, indem wir mit den Augen einen betrachteten Gegenstand möglichst lange fixieren. Dies ist eine langsame Augenbewegung, die gegen die Richtung der Drehung abläuft. Dies ist gefolgt von einer raschen Rückstellbewegung, die die Richtung des Nystagmus beschreibt.

Weil wir auf zwei Beinen stehen und unser Körperschwerpunkt relativ hoch liegt, ist unser Gleichgewichtsorgan für die meisten motorischen Prozesse sehr wichtig. Stehen, Gehen, Laufen und auch Sitzen sind nur dann problemlos möglich, wenn wir fortwährend Informationen über die Einwirkungen der Schwerkraft erhalten. Es gibt zwei verschiedene Systeme des Vestibularapparats, die für unterschiedliche Richtungen zuständig sind. Im Innenohr gibt es drei Bogengänge, die senkrecht zueinander stehen und auf Rotationsbeschleunigungen ansprechen. Für eine dreidimensionale Wahrnehmung wird die Information aus einem vertikalen, horizontalen und frontalen Bogengang kombiniert. Wenn man den Kopf um 60 Grad nach hinten neigt, steht der horizontale Bogengang senkrecht, und man kann die durch Temperaturänderungen ausgelösten Augenbewegungen gut beobachten, weil sie horizontal in der Rechts-Links-Richtung ablaufen. Der Grund für den Einfluss der Temperaturänderung ist, dass dadurch die Flüssigkeit in den Bogengängen zu Bewegungen angeregt wird, was wiederum zu einer Erregung der Haarzellen führt. Ähnliches können Sie sehen, wenn Sie Wasser in einem Topf erhitzen; es beginnt zu sprudeln.

Die sogenannten Makulaorgane reagieren auf lineare Beschleunigungen, und die zugehörigen Rezeptoren liefern dem Zentralnervensystem Informationen über Beschleunigungen, die auf den Körper einwirken. Deshalb bilden sie die Ausgangspunkte wichtiger Reflexe zur Aufrechterhaltung und Normalisierung der Lage des Körpers sowie des Kopfes und der Augen im dreidimensionalen Raum.

Durch die Drehung oder die induzierten Temperaturänderungen im äußeren Gehörgang, der sehr nahe an den Bogengängen liegt, kommt es zu einer Strömung der in den Bogengängen enthaltenen Flüssigkeit, die zu einer Aktivierung der Rezeptoren führt. Eine Drehung löst regelmäßige Augenbewegungen aus, die das Ziel haben, die visuelle Umwelt stabil zu halten. Beide Augen versuchen, mit einer langsamen Bewegung entgegen der Drehrichtung, die sich mit schnellen Rückstellbewegungen in Drehrichtung abwechselt, die Fixation stabil zu halten. Diese Rückstellbewegungen werden als *Nystagmus* bezeichnet und können in der Klinik auch elektrophysiologisch registriert werden.

Beim plötzlichen Abstoppen bewegt sich durch die Trägheit die Flüssigkeit die Strömung weiter und führt zu schnellen Augenbewegungen entgegen der Drehrichtung.

Dies ist der normale physiologische Ablauf. Bei krankhaften Störungen beobachtet man einen Nystagmus als typisches Symptom des Schwindels und bei neurologischen Erkrankungen. Deswegen wird dieser Test in der neurologischen Diagnostik eingesetzt.

Eine widersprüchliche Information aus verschiedenen Sinnessystemen führt bei empfindlichen Menschen zur Reisekrankheit *(Kinetose)* mit Symptomen wie Schwindel und Übelkeit.

Die beschriebenen Tests illustrieren auch, wie unsere Augen mit dem Gleichgewichtssinn zusammenarbeiten. Dies untersuchen wir im folgenden Abschnitt genauer.

5.4 Einfache klinische Tests des Gleichgewichts

Frage

Wenn Sie unter andauerndem Schwindel oder Gleichgewichtsstörungen leiden, so werden diese vom Neurologen klinisch untersucht. Wie lässt sich die Funktion unseres Gleichgewichtssinns auf einfache Art und Weise überprüfen? Dies können Sie auch ganz einfach zu Hause nachvollziehen.

Durchführung und Ergebnisse

Diese beiden kleinen einfach durchzuführenden Versuche werden als Test bei der neurologischen Diagnostik für Hinweise auf mögliche Störungen der motorischen Koordination eingesetzt.

1. Romberg-Test. Man steht aufrecht mit aneinander liegenden Füßen und nach vorne gestreckten Armen. Diese Stellung soll etwa 30 s lang bei geöffneten Augen beibehalten werden. Danach bleibt der Proband weitere 30 s bei geschlossenen Augen stehen. Er sollte sich während des Versuchs nicht an Lichtquellen oder akustischen Reizen orientieren können. Der Test zeigt die Fähigkeit, das Gleichgewicht zu halten oder aber, bei einer Erkrankung, die Tendenz zu schwanken oder eventuell hinzufallen.

2. Unterberger-Tretversuch. Der Proband wird gebeten, mit geschlossenen Augen und nach vorne gestreckten Armen 50 Mal auf der Stelle zu treten. Während der Untersuchung dürfen keine optischen oder akustischen Reize eine Orientierung im Raum erlauben. Ein unauffälliges, gesundes Ergebnis liegt vor, wenn die Abweichung von der Ausgangsposition weniger als 45 ° beträgt. Patienten, die Probleme mit ihrem Gleichgewicht haben, drehen sich langsam im Kreis.

Erklärung und Bedeutung

Diese beiden Tests prüfen den Gleichgewichtssinn und zeigen die Funktionen des Kleinhirns, des Rückenmarks oder des Gleichgewichtsorgans. Die Untersuchungen basieren auf der Annahme, dass ein Mensch mindestens zwei der drei folgenden Sinne benötigt, um im Stehen das Gleichgewicht zu halten:

1. Propriozeption – die Fähigkeit, die eigene Körperposition im Raum zu erkennen. Dies informiert uns über den Zustand, die Stellung und die Bewegung von Gelenken, Sehnen und Muskeln. Dies wird auch als Tiefensensibilität bezeichnet. Zuständig hierfür sind Rezeptoren in Muskeln, Sehnen und Gelenken.
2. Vestibuläre Funktion – die Fähigkeit, die eigene Kopfposition im Raum zu kennen und so die Vertikale zu erkennen. Dies wird uns über die Bogengänge und die Makulaorgane vermittelt.
3. Sehfähigkeit – die erlaubt, Änderungen in der Körperposition und Stellung der Extremitäten zu überwachen und anzupassen.

Die Informationen all dieser verschiedenen Sinnesmodalitäten werden im Gehirn zu einem Gesamteindruck verrechnet.

Bei den beschriebenen Tests kann ein Schwanken bei geöffneten Augen auf eine Störung des Kleinhirns hinweisen, während Schwankungen bei geschlossenen Augen Symptom für eine Erkrankung in Verbindung mit dem Vestibularsystem sein können. Leichte Schwankungen sind physiologisch bedingt und besitzen keinen Hinweis auf eine Erkrankung. Ähnlich wie der *Unterberger-Test* ist der *Romberg-Test* ein positives, pathologisches Zeichen, wenn eine Neigung zum Schwanken oder Fallen bei geschlossenen Augen auftritt oder sich verstärkt. Dies kann bei einer sogenannten sensiblen Ataxie oder vorübergehend auch nach Alkoholkonsum auftreten.

5.5 Der Einfluss von Vibrationen und die lange Nase

Frage

Wer kennt wohl nicht die Geschichte des legendären Pinocchio aus dem beliebten Kinderbuch? Bekannt ist dabei vor allem Pinocchios Nase, die immer länger wird, sobald er anfängt zu lügen. Wie die Nase scheinbar wächst, können Sie an sich erleben.

Wie können also Vibrationen das Empfinden des Gleichgewichts und die Wahrnehmung unseres Körpers beeinflussen?

Durchführung und Ergebnisse

Vibrationsreize beeinflussen unser Gleichgewichtsempfinden und auch die Wahrnehmung unseres Körperschemas. In diesen Versuchen werden einfache Hilfsmittel verwendet, die Vibrationen auslösen können.

1. Vibrationen und Gleichgewicht
Eine aufrecht stehende Versuchsperson schließt die Augen. Legt man nun einen stark vibrierenden kleinen Gegenstand oder eine schwingende Stimmgabel an die Achillessehnen, so wird sich die Person nach hinten neigen und in Gefahr geraten, umzukippen. Meistens geht damit ein Gefühl des Schwindels einher. Die Vibrationsreize werden als Dehnung des Wadenmuskels wahrgenommen und rufen eine kompensatorische Kontraktion der Muskeln hervor. Dies ruft eine Gewichtsverlagerung nach hinten hervor, was zum Verlust des Gleichgewichts führen kann. Das Gefühl einer Bewegung, das durch die Wahrnehmung der Vibrationen vermittelt wird, steht im Gegensatz zu der vom vestibulären System signalisierten Ruhe. Deshalb kann dies zu Schwindelgefühlen führen. Bei geöffneten Augen verschwindet der Effekt, weil dann die Informationen aus dem Sehsystem helfen, den Empfindungen entgegenzusteuern.

2. Vibrationen und Wahrnehmung des Körperschemas
Bei einer Person, die sich mit verbundenen Augen an die eigene Nase fasst, werden gleichzeitig Vibrationen mithilfe von Vibratoren oder einer schwingenden Stimmgabel am Bizeps desselben Arms ausgelöst. Dies führt zu einer Wahrnehmungstäuschung: Die Person hat das Gefühl, ihre Nase sei lang geworden. Oft findet man Schätzungen von bis zu 30 cm. Die Täuschung tritt auch dann auf, wenn die Versuchsperson mit den verbundenen Augen einer anderen Person, die vor ihr steht, an die Nase fasst.

Diese sogenannte „Pinocchio-Illusion" funktioniert nicht nur bei der Nase, sondern kann auch über den Bauchumfang täuschen. Werden die Handgelenke einer Versuchsperson durch leichte Vibrationen stimuliert, entsteht der subjektive Eindruck, die Hände beugten sich nach innen. Hält die Person gleichzeitig ihre Hände an die Hüfte, so scheinen Bauch und Hüfte zu schrumpfen. Forscher berichten, dass viele der Untersuchten diesen täuschenden Wahrnehmungseindruck für real hielten.

Erklärung und Bedeutung

Die Ursache für die beiden beschriebenen Effekte ist das durch die Vibrationen gestörte Lageempfinden des Beins oder des Arms, das dem Gehirn eine vermehrte Streckung der jeweiligen Extremität signalisiert. Unser Körper verfügt über feinsinnige Messinstrumente, die ihn über Form, Lage und Größe jedes Körperteils unterrichten. In Muskeln, Sehnen und Gelenken befinden sich die sogenannten Propriozeptoren, die die Eigenwahrnehmung von Bewegungen und die Stellung der Extremitäten gewährleisten.

Werden die Längensensoren, die Muskelspindeln, durch schwache Vibrationen gereizt, interpretiert unser Gehirn dies als Dehnung des entsprechenden Muskels. Wenn die Informationen des Sehens ausgeschaltet werden, ist eine Versuchsperson davon überzeugt, dass ihr Arm sich streckt. Die Reizung der Achillessehne signalisiert, dass der Wadenmuskel aktiv ist und somit eine Beugung des Körpers nach vorne vorliegt. Dadurch wird eine Ausgleichsbewegung mit einer Gewichtsverlagerung nach hinten ausgelöst.

Bei der Pinocchio-Illusion sind ebenfalls die Propriozeptoren beteiligt. Wird der Bizeps stimuliert, während die Versuchsperson sich dabei gleichzeitig an die eigene Nase fasst, kommt es zu einem widersprüchlichen Wahrnehmungseindruck. Einerseits wird eine Bewegung des Arms gespürt, andererseits bleibt der Kontakt zwischen Hand und Nase erhalten. Eine sinnvolle Erklärung unseres Gehirns dafür ist die Annahme, dass die Nase länger wird.

Wie erwähnt, ist die als Pinocchio-Illusion benannte Täuschung nach der Kinderbuchfigur des italienischen Schriftstellers Carlo Collodi (1826–1890) benannt.

6

Tasten und Spüren

Unsere Haut und auch unsere innere Organe besitzen spezialisierte Rezeptoren, die mechanische, thermische und chemische Größen messen. Hierzu zählen beispielsweise der Blutdruck, die Körperkerntemperatur oder der Sauerstoffgehalt des Blutes. Diese Informationen der inneren Organe werden neuronal codiert und von Strukturen des vegetativen Nervensystems in Regelkreisen verarbeitet, und sie bleiben meistens unbewusst. Afferenzen, die aus der Haut oder der Muskulatur stammen, gelangen rasch zum zentralen Nervensystem und schließlich zur Großhirnrinde. Dort wird die Sinnesinformation immer gemeinsam mit Emotionen oder auch Erinnerungen kombiniert. Dies führt schließlich zu der bewussten Wahrnehmung der Reizqualitäten und -intensitäten.

In der durch die Haut gebildeten sensorischen Fläche befinden sich gleichzeitig verschiedene Modalitäten. Diese werden zusammen mit Informationen aus Muskeln, Sehnen und Gelenken als *somatosensibles System* zusammengefasst, das aus den folgenden eigenständigen, voneinander abgrenzbaren Modalitäten besteht:

- Taktile Sensibilität (Hautsinne)
- Lagesinn (Propriozeption und Kinästhesie)
- Temperaturempfindung
- Schmerzempfindung (Nozizeption) und Jucken

Die zu diesen Modalitäten der Haut gehörenden Rezeptoren reagieren separat auf unterschiedliche mechanische Reize *(Mechanorezeptoren)*, Wärme und Kälte *(Thermorezeptoren)*, chemische (*Chemorezeptoren*, vor allem in den

Schleimhäuten) und schmerzhafte Reize *(Nozizeptoren)*. Das Spüren von Juckreizen gilt als „kleiner Bruder des Schmerzes". Dabei handelt es sich um eine eigenständige Sinneswahrnehmung.

Die anatomisch und physiologisch unterscheidbaren Mechanorezeptoren reagieren auf Druck, Bewegung und Vibration; die Thermorezeptoren auf Wärme oder Kälte, und dabei vor allem auf Änderungen der Temperatur. Der Temperatursinn ist für alle lebenden Organismen überlebenswichtig, da Leben nur in einem eng begrenzten Temperaturbereich möglich ist. Der menschliche Organismus wird wie bei fast allen Säugetieren gleichwarm (homöotherm) gehalten: Durch die interne Temperaturregulation sind wir Menschen von der Außentemperatur weitgehend unabhängig, anders als beispielsweise Reptilien, deren Körpertemperatur von der in der Umgebung herrschenden Temperatur abhängig ist.

Die Mechanorezeptoren unterscheiden sich in ihrem anatomischen Aufbau und ihrer physiologischen Reaktion auf langdauernde mechanische Reize. Aufgrund der unterschiedlich schnell verlaufenden Adaptation sind verschiedene Rezeptoren für unterschiedliche Wahrnehmungen zuständig. Langsam adaptierende Rezeptoren sind für die Druckempfindung verantwortlich. Dies sind die **Merkel-Zellen** und **Ruffini-Kolben**. Schnell adaptierende Rezeptoren wie die **Meißner-Zellen** signalisieren Berührungsreize auf der unbehaarten Haut. Das Gegenstück hierzu in der behaarten Haut sind die **Haarfollikelrezeptoren**, die durch Berührungen der Haare gereizt werden. Die **Vater-Pacini-Körperchen** gewöhnen sich auf einen Dauerreiz sehr schnell und sind deshalb für die Wahrnehmung von Vibrationen zuständig. Adäquate Reize für die Schmerzrezeptoren sind meist gewebeschädigende Einflüsse wie durch mechanische Einflüsse entstandene Verletzungen oder Entzündungen.

Alle diese Rezeptoren befinden sich überall in unserer Haut, allerdings in unterschiedlicher Dichte und Anzahl in verschiedenen Bereichen. An manchen Stellen unseres Körpers sind wir sehr empfindlich, an anderen nur kaum. Genauere Details finden sich in den Lehrbüchern der Physiologie und Anatomie. In den nächsten Abschnitten lernen Sie diese unterschiedlichen Berührungsqualitäten und Sinnesfunktionen der Hautrezeptoren genauer kennen.

Der als *Propriozeption* bezeichnete Lagesinn erhält Informationen aus Muskeln, Sehnen und Gelenken und dem Gleichgewichtsorgan. Dies erlaubt die unbewusste Wahrnehmung der Spannung der Muskulatur sowie der Stellung der Gelenke und des gesamten Körpers. Dies wird mit Information aus dem Gleichgewichtssinn kombiniert.

Die afferente sensorische Information aus der Haut und den Muskeln und Gelenken läuft in unterschiedlichen Nervenbahnen zu verschiedenen dafür spezialisierten Bereichen des Gehirns. Informationen aus benachbarten Regionen der Haut sind im Gehirn benachbart und funktionell gewichtet: Sensorische Informationen des Gesichts oder der Hände und Füße werden von wesentlich mehr Nervenzellen verarbeitet als beispielsweise Berührungen des Rückens oder der Beine. Dies erklärt die Unterschiede in der Genauigkeit unserer Wahrnehmung und der Empfindlichkeit in verschiedenen Bereichen unseres Körpers. Aus solchen anatomischen und physiologischen Gründen sind wir im Gesicht und an den Fingern deutlich empfindlicher als am Oberarm oder Bauch.

6.1 Die Qualitäten der Berührung

Frage

Berührung ist nicht gleich Berührung. Sie können diese als stark oder schwach, weich oder hart, streichelnd oder zupackend, angenehm oder unangenehm empfinden. Das alles sind unterschiedliche Wahrnehmungsqualitäten, die uns unsere Haut vermittelt.

Es lässt sich recht einfach untersuchen, wie wir die Berührung unserer Haut wahrnehmen. Welche physikalischen Reize führen zu einem subjektiv unterschiedlichen Eindruck?

Durchführung und Ergebnisse

Mit verschiedenen Reizen können die unterschiedlichen Qualitäten der Berührung festgestellt werden. Man reizt die Rückseite des Unterarms mit einem Wattebausch oder dem Aufsetzen von unterschiedlich großen, glatten Holzstäbchen. Mit einer feinen Nadel oder einem Zahnstocher berührt man ein Haar und verbiegt es leicht.

Dies kann man mit unterschiedlichem Druck an verschiedenen Stellen der Körperoberfläche machen. Außerdem variiert man die Dauer der Reizung. Die Vibrationsempfindlichkeit lässt sich mit einer schwingenden Stimmgabel testen, wenn man sie auf die Haut oder, noch besser, einen Knochen oder Sehnenansatz setzt. Dies ist auch in Abschnitt 5.5 beschrieben.

Auf diese Weise werden verschiedene Qualitäten der somatosensiblen Wahrnehmung getestet. Die empfundene Berührungsqualität sagt aus, was ich gespürt habe: hart oder weich, spitz oder stumpf, glatt oder rau usw. Weil wir Reize ganzheitlich wahrnehmen, ist dies immer in Information über die Berührungsstärke – Wie fühlt sich leichter oder starker Druck an? – und über die

Berührungslokalisation eingebettet: Wo habe ich einen Druck gespürt und ist die Empfindung an verschiedenen Stellen des Körpers unterschiedlich?

Testen Sie dies an sich selbst oder lassen Sie sich von einer anderen Person testen.

Erklärung und Bedeutung

Die Haut verfügt über unterschiedliche sensorische Mechanorezeptoren, die für Berührung, Druck und Vibration zuständig sind. Die Arten von Rezeptoren unterscheiden sich in ihrem anatomischen Aufbau und der Dichte ihrer Verteilung in der Haut. Gesicht, Hand, Arm und Rücken besitzen deutliche Unterschiede in der unterschiedlichen Zahl der Rezeptoren. Die funktionellen Unterschiede beruhen auf der physiologischen Reaktion auf mechanische Reize. Dies spiegelt sich in erster Linie in der unterschiedlich raschen Adaptation auf einen konstanten Reiz wider.

In der behaarten und in der unbehaarten Haut findet man anatomisch unterscheidbare Rezeptoren, die auf verschiedene Reizqualitäten ansprechen. Die Rezeptoren sind nach ihren Entdeckern benannt. Die Merkel-Zellen signalisieren die Empfindung bei anhaltendem Druck, Ruffini-Kolben reagieren sowohl auf Druck als auch auf horizontale Dehnung der Haut. Meißner-Zellen in der unbehaarten Haut und die Haarfollikelrezeptoren der behaarten Haut werden durch Berührungen gereizt. Die Vater-Pacini-Körperchen sprechen auf Vibrationsreize an.

Unsere Hautsinne und Berührungen sind für die zwischenmenschliche Kommunikation von Bedeutung und werden auch für die Therapie eingesetzt. Ein Beispiel ist die Massage als Therapie, die wir kennen, wenn es um Probleme wie Rücken- und Nackenschmerzen oder Kopfschmerzen geht, die durch muskuläre Dysbalancen und Verspannungen verursacht sind. Manuelle Therapien kommen bei Sportverletzungen zum Einsatz, und bei Krebspatienten zeigt Massage eine gute Wirkung zur Schmerzreduktion, und sie wirkt sich auf das allgemeine Wohlbefinden positiv aus. Massage bewirkt eine Veränderung der Durchblutung des Gewebes und löst zusätzlich auch biochemische Prozesse aus.

6.2 Ermittlung der relativen Dichte der Druckpunkte

Frage

Warum spüren Sie kleine Unebenheiten in einer Oberfläche mit den Fingern, aber nicht mit dem Handrücken oder mit dem Oberschenkel? Aus Erfahrung wissen wir, dass unsere Haut sehr empfindlich ist: Wir können die Oberflächenbeschaffenheit von Gegenständen meistens gut und sicher zu beurteilen. Eine Glasplatte, Samtstoff oder winzige Schäden einer Lackierung spüren wir, auch wenn wir sie nicht sehen können. Und auch die kleinsten Löcher in unseren Zähnen ertasten wir mit der Zunge, oft lange bevor diese sichtbar werden. Aber am Rücken, dem Oberarm oder dem Oberschenkel ist unsere Sinnesleistung deutlich schlechter.

Dies liegt vor allem an der Zahl der Mechanorezeptoren in unserer Haut, und wir können dies einfach prüfen.

Durchführung und Ergebnisse

Durch eine kleinflächige Reizung mit einer abgestumpften Spitze eines Zirkels, einem Zahnstocher oder einer festen Borste können Sie verschiedene Bereiche der Haut testen. Es ist wichtig, dabei keine Schmerzrezeptoren zu erregen. Damit bestimmt man die relative Dichte der Druckpunkte auf einer kleinen, umschriebenen Fläche an der Fingerbeere (hier zeichnen Sie mit einem Filzstift ein Quadrat von 0,5 cm^2 auf). An der Innenseite des Unterarms oder des Oberschenkels und am Rücken (in der Mitte, etwa 15 cm oberhalb der Kreuzregion) verwenden Sie eine größere Fläche. Berühren Sie die entsprechende Region in zufälliger Reihenfolge zwischen 20 und 50 mal. Die Versuchsperson darf dies nicht sehen können – am besten schließt sie die Augen, und sie gibt an, wie oft sie etwas gespürt hat. Die Anzahl der Berührungen und der Empfindungen wird protokolliert. Als Ergebnis finden Sie deutliche Unterschiede zwischen verschiedenen Körperregionen. Außerdem sind verschiedenen Personen unterschiedlich empfindlich.

Erklärung und Bedeutung

Es kann gezeigt werden, dass die Empfindungen nur dann auftreten, wenn eng umschriebene Bezirke der Haut gereizt werden. Diese Sinnespunkte oder -areale sind an den verschiedenen Stellen des Körpers unterschiedlich verteilt:

An der Fingerbeere sind wir am empfindlichsten, während die Druckpunkte am Rücken deutlich weiter auseinanderliegen. Typische Zahlen für die Zahl der Druckpunkte auf Quadratzentimeter cm^2 sind an der Fingerspitze mehr als 100, auf der Kopfhaut 120 bis 300 und am Handgelenk 10 bis 40. Diese Zahlen sind jedoch nicht als absolut und fest anzusehen, denn sie hängen von dem genauen angewandten Druck ab. Dennoch spiegeln die Ergebnisse die Dichte des Rezeptormosaiks in der Haut wider.

Die in dem Versuch gefundenen Zahlen dürfen jedoch nicht als absolut angesehen werden. Sie hängen nämlich von der Kraft ab, die auf die Haut wirkt. Repräsentative Werte erhalten wir nur mit genormten Reizstärken.

In ähnlicher Weise lassen sich Schmerzpunkte in der Haut bestimmen, wobei statt mechanischen Reizen leichte Schmerzreize, die nicht zu einer Schädigung oder Verletzung führen, verwendet werden. Bei der Bestimmung der Temperaturrezeptoren in der menschlichen Haut geht man ähnlich vor (siehe Abschn, 7.1).

6.3 Feines Tasten – Die Zwei-Punkt-Unterscheidung

Frage

Dass Sie die Form und die Textur von Gegenständen und Oberflächen erkennen oder Berührungen Ihrer Haut bemerken, ist normalerweise keine Überraschung. Dass wir dabei sehr feine Unterschiede oder schwache Reize spüren, ist uns nie wirklich bewusst. Wie extrem sensibel das Fühlen ist, illustrieren Blinde, die mit den Fingern lesen. Bei der Braille-Schrift sind Buchstaben durch kleine, nur 0,5 bis 0,7 mm hohe Erhebungen definiert. Die einzelnen Buchstaben sind in einer Punktmatrix von 2 x 6 Elementen codiert, und geübte Blinde erreichen dabei eine Lesegeschwindigkeit von 100 Wörtern/Minute. Woran liegt diese erstaunliche Fähigkeit, die wir durch Übung verbessern können? Wie gut können wir zwei Punkte alleine durch das Fühlen als solche erkennen?

Durchführung und Ergebnisse

Die Fähigkeit, verschiedene Merkmale eines Reizes in allen Einzelheiten zu unterscheiden, variiert stark über die Körperoberfläche hinweg. Eine einfache Methode zur Bestimmung des räumlichen Auflösungsvermögens ist der Test der Zwei-Punkt-Diskriminierung Sie können dies selbst mithilfe einer

U-förmig zurechtgebogenen Büroklammer untersuchen. Zunächst sollten die beiden Enden der Klammer einen Abstand von etwa 2,5 cm haben. Wenn man nun die beiden Enden auf die Fingerkuppe drückt, sollten die zwei separaten Druckpunkte problemlos zu unterscheiden sein. Dann biegt man die beiden Drahtenden schrittweise immer näher zusammen und testet, bei welcher Entfernung man sie nur noch als einen einzelnen Druckpunkt wahrnimmt. Dies kann man dann auch am Handrücken, den Lippen, dem Oberschenkel und Rücken durchführen und die Ergebnisse vergleichen. Die Zwei-Punkt-Diskrimination ist für verschiedene Körperregionen unterschiedlich, besonders empfindlich sind wir an der Zungenspitze (etwa 1 mm), den Lippen (2 bis 4 mm) oder den Fingerkuppen (1 bis 3 mm). Am Rücken können Reize 5 bis 10 cm auseinander liegen, ohne dass wir das bemerken. Ähnlich unempfindlich sind wir am Oberschenkel oder der Wade.

Erklärung und Bedeutung

Die Zwei-Punkt-Diskrimination bezeichnet den Mindestabstand zwischen zwei Reizpunkten, um diese noch als voneinander getrennt wahrnehmen zu können, und wird auch Raumschwelle genannt.

Die Schwellen für die Eindrucktiefe mechanischer Reize variieren je nach Körperregion; dies liegt vermutlich an der unterschiedlichen Innervationsdichte der Rezeptoren. Auch deshalb ist die Wahrnehmungsleistung von dem Ort der Reize auf der Körperoberfläche abhängig. Die unterschiedliche Packungsdichte der Rezeptoren führt auch dazu, dass die rezeptiven Felder (d. h. die Hautareale, von denen aus ein Neuron erregt werden kann) der im ZNS liegenden Neurone unterschiedlich groß sind. Beispielsweise können zwei mechanische Reize nur in einem bestimmten Abstand voneinander als getrennt und doppelt erkannt werden. Die Leistung bei dieser auch als *Doppelreizdiskrimination* bezeichneten Fähigkeit beträgt an unseren Fingerspitzen 1 bis 3 mm und auf dem Rücken 50 bis 100 mm. Am empfindlichsten sind wir in der Mundregion sowie den Lippen und der Zunge. Diese sogenannte simultane (gleichzeitige) Raumschwelle ist deutlich größer als die sukzessive Raumschwelle, bei der zwei Reize nicht gleichzeitig, sondern zeitlich versetzt nacheinander auf die Haut gebracht werden. Dabei findet man, dass sich die Schwellen auf etwa 1/4 verkleinern. Grund hierfür ist die Tatsache, dass nun zusätzlich Informationen über die zeitliche Folge der beiden Reize zur Verfügung stehen und die Unterscheidung dadurch leichter fällt.

Die Dichte der Rezeptoren bestimmt auch die Größe der rezeptiven Felder der afferenten Bahnen und zentralen Neurone, daher variiert die Ausdehnung der rezeptiven Felder mit dem Ort auf der Körperoberfläche. Beispielsweise findet man beim Rhesusaffen an der Fingerspitze rezeptive Felder mit einem Durchmesser von 1,5 bis 2 mm, während in der Handinnenfläche etwas größere Werte nachgewiesen werden können.

6.4 Tastend untersuchen und Gewöhnung

Frage

Wenn Sie versuchen, einen Gegenstand nur mit den Händen und Fingern zu erkennen, dann betasten Sie ihn systematisch. Dabei bewegen Sie die Finger und die Hand. Aber wie wichtig sind motorische Prozesse für unser Fühlen wirklich? Wie arbeiten die mechanosensorische Wahrnehmung und Bewegung zusammen?

Durchführung und Ergebnisse

Legen Sie einer Versuchsperson mit geschlossenen Augen verschiedene kleine Gegenstände in die Innenfläche der Hand. Geeignet sind Stifte, Schlüssel, Münzen, kleine Bälle und ähnliches, wobei man darauf achten sollte, dass diese Zimmertemperatur besitzen. Die Versuchsperson hat die Aufgabe, die Gegenstände zu identifizieren, und Sie notieren die Erkennungsleistung. Anschließend darf die Versuchsperson dieselben Dinge tastend untersuchen, also die Hand und die Finger bewegen.

Bei passiver Berührung fällt das Erkennen schwer, weil nach kurzer Zeit die einzelnen Empfindungen nach und nach verschwinden. Wenn man jedoch einen Gegenstand aktiv abtastet, so kann er meistens leicht identifiziert werden.

Erklärung und Bedeutung

Wie alle Sinnesrezeptoren, adaptieren die mechanosensiblen Rezeptoren bei einem Dauerreiz und werden weniger empfindlich. Erst wenn wir den Gegenstand aktiv betasten, werden immer wieder unterschiedliche Rezeptoren aktiviert, und es findet keine Adaptation statt.

Ähnliches bemerken wir bei der Gewöhnung an eine konstante Temperatur (siehe Experiment Der Drei-Schalen-Versuch). Unsere Wahrnehmung ist folglich kein Prozess, bei dem die physikalischen Reizqualitäten und Reizstärken „1:1" abgebildet werden. In allen Sinnessystemen verändert sich die Wahrnehmung, wenn ein konstanter Reiz über längere Zeit andauert. Diese sogenannte

Adaptation bedeutet jedoch nicht, dass die Empfindlichkeit abnimmt, sondern sie kann auch zunehmen wie beim Sehen, wenn wir uns langsam an Dämmerlicht und Dunkelheit gewöhnen. Adaptation bedeutet, dass der Arbeitsbereich des Sinnesorgans verändert wird; je nach Situation kann es unempfindlicher oder empfindlicher werden.

Auch beim Fühlen im Alltag können wir dies bemerken: Einen kratzigen Wollpullover empfinden wir direkt nach dem Anziehen als unangenehm, aber nach einiger Zeit bemerken wir dies nicht mehr, weil die Aktivität der Rezeptoren abnimmt und sie adaptieren. Wir gewöhnen uns an den zunächst unangenehmen Reiz und spüren ihn dann nicht mehr.

Die verschiedenen Mechanorezeptoren unterscheiden sich in Hinsicht auf ihre Geschwindigkeit, mit der sie an einen konstanten Reiz adaptieren. Dies hat direkte Auswirkungen auf die Funktion der verschiedenen Rezeptoren und ist die physiologische Grundlage für die Wahrnehmung von Druck, Berührung und Vibration.

6.5 Kitzeln

Frage

Fast alle Menschen sind kitzlig und können gekitzelt werden. Manche sind dabei mehr, andere weniger empfindlich. Aber warum können Sie sich eigentlich nicht selbst kitzeln?

Durchführung und Ergebnisse

Versuchen Sie einmal, sich selbst oder eine andere Person zu kitzeln. Kitzeln wir jemanden anderen oder werden wir gekitzelt, dann empfinden wir dies, wie wir es normalerweise erwarten. Versucht man, sich selbst zu kitzeln, so funktioniert dies nicht.

Erklärung und Bedeutung

Durch leichtes Berühren des Körpers werden verschiedene Reflexe ausgelöst. Es kommt zum unfreiwilligen Lachen oder Zuckungen, die oft nur sehr schwer unterdrückt werden können.

Warum dies nicht ausgelöst werden kann, wenn wir uns selbst kitzeln, lässt sich mit der engen Kopplung von Sensorik und Motorik erklären. Das Prinzip der sogenannten Efferenzkopie besagt, dass die aus motorischen Hirnbereichen stammenden Impulse direkt mit der sensorischen Information verrechnet werden, und die gleichzeitig einlaufenden afferenten Impulse und somit die Wahrnehmung des Kitzelns werden unterdrückt. Versucht man, sich selber zu kitzeln, so werden die Signale von den Efferenzen, die zu den Muskeln führen, als Kopie abgezweigt und mit den aus der Haut kommenden afferenten, sensorischen Signalen verrechnet. Wird das Kitzeln nicht durch eine Eigenbewegung, sondern durch eine geführte Bewegung ausgelöst, so ist die Kitzelempfindung nicht vollständig unterdrückt, sondern nur abgeschwächt.

Dieser Prozess wird auch als Reafferenz bezeichnet und hilft beispielsweise, unsere visuelle Umwelt stabil zu halten, wenn wir die Augen bewegen. Die interne neuronale Information über die Erregung der Augenmuskeln wird immer gleichzeitig mit der Sehinformation abgeglichen (siehe Experiment Warum unsere Umwelt stabil erscheint).

6.6 Die Stabilität der Umwelt

Frage

In der Beschreibung der Augenbewegungen haben wir gelernt, dass trotz schneller Augenbewegungen unsere Umgebung stabil bleibt und sich nicht bewegt. Hier können Sie etwas Ähnliches testen: Wie nehmen wir den Unterschied zwischen aktiver und passiver Bewegung unserer Umwelt wahr? Welche Rolle spielt dies für unser Sehen? Wie arbeiten Sehen und Bewegen zusammen.

Durchführung und Ergebnisse

1. Körperbewegungen. Betrachten Sie Ihre Hand und bewegen Sie diese langsam (etwa zweimal pro Sekunde) regelmäßig hin und her. Nun sehen Sie die Hand unscharf ohne Einzelheiten. Wenn Sie anschließend die Hand still halten und den Kopf im gleichen Rhythmus bewegen, so können Sie sie deutlich besser und schärfer sehen.

2. Bewegung der Umwelt. Lesen Sie einen Text und nicken Sie dabei regelmäßig mit dem Kopf. Sie haben vermutlich keine Probleme beim Lesen. Danach halten Sie den Kopf still und bewegen das Buch auf und ab. Dabei stellt man fest, dass das Lesen schwerer fällt. Und wenn eine andere Person das Buch in gleicher Weise auf und ab bewegt, so können Sie kaum mehr richtig lesen.

Erklärung und Bedeutung

Auch diese Beobachtungen illustrieren die enge Kopplung von Sensorik und Motorik. Durch die Efferenzkopie erhält unser Gehirn Information darüber, ob eine bestimmte Bewegung von uns selbst ausgelöst wird. Im Fall der aktiven Bewegung von Hand oder Kopf wird dies mit den einlaufenden Sinnesinformationen verrechnet.

Wenn eine andere Person eine Instabilität der Umwelt verursacht, so fehlt die Information darüber und die Bewegungen können durch unser Gehirn nicht ausgeglichen werden und unsere Seheindruck erlaubt kein Erkennen mehr (siehe auch Abschn. Warum unsere Umwelt stabil erscheint).

Wir wissen aus eigener Erfahrung, dass es uns schwerfällt, uns zu bewegen, wenn die sensorische Rückmeldung aus den Gliedmaßen unterbrochen ist. Wird die Durchblutung bei übereinandergeschlagenen Beinen einige Minuten lang gedrosselt oder sind die peripheren Nerven durch Medikamente blockiert, so sind unsere Bewegungen sowie das Empfinden des Gleichgewichts gestört.

6.7 Die Beurteilung von Gewichten

Frage

Ein Bierkasten ist deutlich schwerer als eine Tafel Schokolade. Klar! Aber es fällt Ihnen sicherlich schwer zu beurteilen, ob ein Brief tatsächlich nur 20 g wiegt oder ob Sie wegen dem etwas größeren Gewicht mehr Porto bezahlen müssen. Wovon hängt es ab, dass Sie bemerken können, ob sich verschiedene Gegenstände in ihrem Gewicht unterscheiden? Wie empfindlich sind Sie?

Durchführung und Ergebnisse

Um dies zu testen, verwenden Sie zwei kleine gleiche Gefäße, die etwa 0,5 l fassen sowie eine Küchenwaage, die auf 1 g genau messen kann. Beide Gefäße werden mit 100 ml Wasser gefüllt. Die Testperson nimmt eines der Gefäße in die Hand, um ein Gefühl für seine Masse zu bekommen. Dann werden in kleinen Schritten einige Tropfen Wasser in das zweite Gefäß gegeben, und die Versuchsperson soll sagen, welches der beiden schwerer ist. Dies wird fünfmal wiederholt. Nach und nach geben Sie mehr Wasser dazu, bis die Versuchsperson drei korrekte Antworten gegeben hat. Dies wird mit 200, 300 und 500 ml

Wasser wiederholt. Als Ergebnis finden Sie, dass ein größerer Zuwachs an Gewicht nötig ist, wenn das Ausgangsgewicht schwerer ist.

Ähnliche Versuche lassen sich mit der Wahrnehmung von Helligkeit oder Lautheit durchführen. Hierbei lassen sich die physikalischen Reizstärken ohne technischen Aufwand jedoch nicht ganz so einfach bestimmen und kontrollieren wie bei Gewichten.

Erklärung und Bedeutung

Der eben noch bemerkbare Reizunterschied zwischen zwei Gewichten (ΔI) steht in einem konstanten Verhältnis zur Größe des Ausgangsgewichts (**I**). Beispielsweise können wir zwei Gewichte von 50 und 51 g gerade noch unterscheiden, aber bei einem Ausgangsgewicht von 500 g sind 10 g nötig. Den gleichen Sachverhalt findet man in allen Sinnesmodalitäten wie Sehen oder Hören; er wurde als das **Weber-Gesetz** formuliert: $\Delta I/I$ = konstant. Dies gilt hauptsächlich in mittleren Bereichen der Intensität.

Der Wert der Konstanten hängt auch von der getesteten Sinnesmodalität ab. Ein relativer Gewichtsunterschied von etwa 2 % wird erkannt, für den Druck auf die Haut ist eine Erhöhung der Reizstärke um 3 % nötig. Um zu bemerken, dass ein Geschmacksreiz intensiver geworden ist, muss seine Konzentration um mindestens 5 bis 10 % erhöht werden.

Eine genauere quantitative Definition dieses Sachverhalts ist mit dem Fechner-Gesetz[1] – oder auch als **Weber-Fechner-Gesetz** bezeichnet – möglich, das den quantitativen Zusammenhang zwischen der Empfindung **E** und der Reizintensität **I** und ihrem Zuwachs ΔI beschreibt: $\mathbf{E} = \mathbf{c} \cdot \mathbf{log}\,((I+\Delta I)/I)$. Dabei ist **c** eine Konstante, die für unterschiedliche Sinnesmodalitäten einen unterschiedlichen Wert besitzt.

Das Weber-Fechner-Gesetz besagt, dass die Empfindungsstärke mit dem Logarithmus der Reizstärke wächst. Eine Verdoppelung der Reizstärke entspricht subjektiv nicht einem Zuwachs von 100 %, sondern von etwa 30 % der Empfindungsintensität. Um die Empfindungsstärke zu verdoppeln, muss der Ausgangsreiz etwa um den Faktor 10 erhöht werden, und um eine dreifache Erhöhung zu erreichen, ist eine 1000fache Verstärkung nötig.

Diese Beobachtungen und Ergebnisse gehören zu dem Forschungsgebiet der Psychophysik, bei der der Zusammenhang zwischen Reizeigenschaften und Wahrnehmung quantitativ bestimmt wird. Die aus solchen Untersuchungen gewonnenen Gesetze haben im Bereich der Forschung zur Wahrnehmungspsy-

---

[1] Gustav Theodor Fechner (1801–1887), deutscher Naturforscher, Psychologe und Philosoph

6.8 Schätzung der Länge eines Gegenstands

Frage

Ob zwei Nägel oder zwei Holzstücke gleich lang sind, sehen Sie auf einen Blick. Aber können Sie alleine durch das Fühlen und Betasten verschieden lange Gegenstände voneinander unterscheiden?

Durchführung und Ergebnisse

Für diese Untersuchung verwenden Sie kleine Stäbchen aus Holz oder Kunststoff, die einen Durchmesser von etwa 1 bis 2 mm haben. Die Längen variieren zwischen 5 und 100 mm in Schritten von 5 mm (5, 10, 15, 20, ... 100 mm).

Sie geben nun der Versuchsperson in zufälliger Reihenfolge die einzelnen Stäbchen, die sie nur an den Enden zwischen zwei Fingern berührt, am einfachsten zwischen Daumen und Zeigefinger. Die Versuchsperson soll mit geschlossenen Augen die Länge schätzen. Mehrere Wiederholungen werden gemacht, um stabile Daten zu erhalten. Die Ergebnisse werden in ein Diagramm eintragen, das den Zusammenhang zwischen physikalischer Länge und dem Wahrnehmungseindruck zeigt (siehe Beispiel in Abb. 6.1).

Erklärung und Bedeutung

Die Ergebnisse der Schätzung von Längen zeigen, dass wir überraschend gut in der Lage sind, alleine aufgrund des Fühlens die Länge eines Gegenstands festzustellen. Es ergibt sich dabei jedoch kein linearer Zusammenhang, denn kurze Stäbe werden in ihrer Länge oft unterschätzt, und die längeren werden überschätzt.

Aus diesem Grund trägt man die Daten in ein doppeltlogarithmisches Koordinatensystem ein, und es ergibt sich eine Gerade mit Steilheit von etwa 1,2. Das bedeutet, dass der Zusammenhang zwischen dem physikalischen Reiz und der Wahrnehmung mathematisch durch eine Potenzfunktion beschrieben werden kann. Ein mögliches Resultat illustriert die Abb. 6.1. Wie sehen die Ergebnisse Ihrer Testpersonen aus?

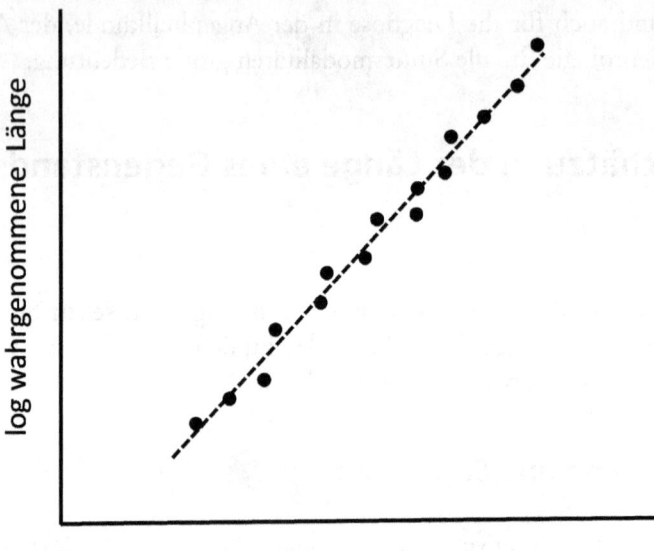

Abb. 6.1 Mögliche Ergebnisse zur Schätzung von Längen. In einem doppeltlogarithmischen Koordinatensystem ergibt sich eine Gerade

Auch für diese Leistung sind die Propriozeptoren zuständig: Wir erhalten damit Informationen über die Länge und Stellung der Muskeln der Finger. Dies erlaubt uns eine sehr differenzierte und feine Wahrnehmung.

6.9 Die Größen-Gewichts-Täuschung

Frage

Kinder – und auch viele Erwachsene – mögen große Geschenke. Ist ein großes Päckchen sehr leicht, so ist oft Enttäuschung vorprogrammiert. Wie beeinflussen Aussehen und Größe eines Gewichts seine Beurteilung?

Durchführung und Ergebnisse

Füllen Sie zwei deutlich verschieden große Schachteln so mit Zucker, Sand, Mehl, o. ä., dass sie gleich schwer sind. Jedes fein dosierbare trockene Material ist dafür geeignet. Hebt die Testperson nun abwechselnd (oder auch gleichzeitig) die verschlossenen Schachteln und soll entscheiden, welche leichter oder schwerer ist, so empfindet sie ein unterschiedliches Gewicht. Hält man die

Schachteln dagegen bei geschlossenen Augen jeweils an einem Bindfaden, erscheinen sie gleich schwer. Nun kann die Testperson die Schachteln weder sehen noch direkt fühlen und nur das Gewicht wird wahrgenommen. Dies können wir im Allgemeinen gut einschätzen.

In ähnlicher Weise können Sie auch einen Eimer, der mit 10 l Wasser gefüllt ist, mit einem 10 kg schweren Ziegelstein vergleichen. Der Eimer wird Ihnen leichter erscheinen als der Stein.

Erklärung und Bedeutung

Diese Größen-Gewichts-Täuschung illustriert, dass unsere Erwartungen durch die gesehene oder empfundene Größe eines Gegenstands das sensorische Wahrnehmen der anderen Eigenschaften beeinflussen. Diese Wahrnehmungstäuschung erfahren wir, wenn von zwei gleich schweren Gegenständen der mit dem größeren Volumen leichter erscheint.

Vermutlich ist es der unwillkürlich höhere Kraftaufwand, der die größere Schachtel leichter erscheinen lässt. Dies lässt sich aber auch bei Menschen, die seit Geburt blind sind, beobachten. Unsere Erwartungen, die durch das Sehen oder Fühlen verursacht werden, beeinflussen unsere sensomotorische Wahrnehmung. Vermutlich lässt der unwillkürlich höhere Kraftaufwand die größere Schachtel leichter erscheinen.

Diese Erkenntnis wird auch im Rahmen der Verkaufspsychologie angewandt: Größere Verpackungen versprechen oft mehr Gewicht und Inhalt, aber auch kleine schwere Dosen und Gläser können höhere Qualität erwarten lassen. Das ist Ihnen sicher bei Kosmetika schon aufgefallen: Die Verpackung teurer Cremes und Parfüms ist oft aufwendig und unnötig schwer. Das Gewicht suggeriert höhere Qualität.

6.10 Was ist nass, was ist trocken?

Frage

Wasser ist nass, aber woher wissen Sie das eigentlich? Der Mensch besitzt nämlich keine speziellen Rezeptoren, die Nässe signalisieren. Wie und warum empfinden wir Nässe oder Trockenheit der Haut?

Durchführung und Ergebnisse

Bereiten Sie zwei große Schlüsseln vor, die entweder mit warmem oder kaltem Wasser gefüllt sind. Eine Versuchsperson wird gebeten, die Empfindung von Nässe an ihren Fingerspitzen oder an der Außenseite des Unterarms zu testen. Im Allgemeinen ist die Empfindlichkeit für „nass" an dem behaarten Unterarm stärker.

Meistens nehmen die Versuchsteilnehmer die Nässe bei kaltem Wasser deutlicher wahr. Testen Sie das nun auch mit warmen Wasser.

Wenn Sie ein Blutdruckmessgerät mit einer Manschette zur Verfügung haben, dann pumpen Sie diese auf und wiederholen den Test. Sie können auch mit einem kräftig um den Oberarm geschlungenen breiten Tuch die Durchblutung drosseln. Werden die Nervenbahnen durch den Druck der Manschette blockiert, so ist man generell weniger empfindlich.

Erklärung und Bedeutung

Die Fähigkeit, Temperaturveränderungen in der Umgebung wahrzunehmen, ist für uns überlebenswichtig. Allerdings ist die Temperaturwahrnehmung nicht der einzige Faktor unter den Hautempfindungen, der zu thermoregulatorischen Reaktionen beim Menschen beiträgt, sondern auch die Wahrnehmung von Hautnässe spielt eine wichtige Rolle. Menschen besitzen keine Rezeptoren in der Haut, die für die Wahrnehmung von Nässe zuständig sind. Es wird vermutet, dass thermische und mechanosensorische Reize hierfür zuständig sind, und was als „feucht" und „nass" empfunden wird, beruht auf unserer Erfahrung.

Was wir als Feuchtigkeit oder Nässe empfinden, ist eine durch Erfahrung gelernte Wahrnehmung. Haben wir nasse Kleidung an, so werden wir sie rasch wechseln wollen, denn die feuchte Kleidung klebt am Körper und fühlt sich meistens nass und auch kalt und unangenehm an. Beim Schwimmen machen wir ebenfalls die Erfahrung, dass sich das kalte Meer deutlich „nasser" anfühlt als ein beheizter Swimmingpool.

Wird die Nervenleitung blockiert, ist man weniger empfindlich. Außerdem sind die behaarten Hautpartien am Unterarm für die Empfindung von Nässe empfindlicher als die Fingerspitzen. Dies liegt vermutlich auch an der verschiedenen Dicke der Haut und der unterschiedlichen Anzahl von Rezeptoren der Haut in verschiedenen Bereichen des Körpers.

Setzt man sich mit nackter Haut auf einen Metallstuhl, so fühlt man oft Nässe. In Wirklichkeit ist es die Kälte des Metalls, die die Haut schnell abkühlt. Ähnliches erlebt man, wenn man Latex- oder Gummihandschuhe anzieht und die Hand ins Wasser taucht. Auch hier hat man die Empfindung „nass", obwohl die Feuchtigkeit die Haut nicht berührt.

7

Wahrnehmung von Temperatur

Für die Temperaturwahrnehmung sind spezielle Rezeptoren in unserer Haut verantwortlich. Diese sind punktförmig ähnlich verteilt wie die Mechanorezeptoren und sind in verschiedenen Regionen des Körpers unterschiedlich zahlreich. Zusätzlich besitzen wir Messfühler für Temperatur im Körperinneren, die für das Aufrechterhalten der Körperkerntemperatur zuständig sind.

Der Temperatursinn oder die Thermorezeption ist für uns wie für alle lebenden Organismen überlebenswichtig, denn Leben ist nur in einem eng begrenzten Temperaturbereich möglich. Das gilt auch für wechselwarme Tiere, die zwischen etwa 0 °C bis maximal 50 °C überleben können. Im Winterschlaf und bei großer Kälte beobachtet man bei vielen Organismen eine Kältestarre, aus der die Tiere wieder erwachen können. Der menschliche Körper ist wie bei allen Säugetieren gleichwarm (homöotherm); das bedeutet, dass wir durch innere Temperaturregulation von der Außentemperatur unabhängig sind. Auch Vögel können ihre Körperkerntemperatur unabhängig von der Umgebungstemperatur konstant halten.

Bei uns Menschen liegen die Rezeptoren für Wärme und Kälte – ähnlich wie die Mechanorezeptoren – als Mosaik freier Nervenendigungen in der Haut und den Schleimhäuten sowie in den Eingeweiden. Im Gehirn finden wir im Bereich des Hypothalamus ebenfalls Rezeptoren, die direkt in die Regulation der Körperkerntemperatur eingebunden sind. Alle Thermorezeptoren reagieren sowohl auf gleichbleibende Temperatur als auch auf Änderungen der Temperatur. Die *Kaltrezeptoren* reagieren auf die Abnahme der Temperatur mit einem Anstieg der Frequenz ihrer Aktionspotentiale. Durch die Zunahme der Temperatur werden sie gehemmt. Bei Warmrezeptoren beobachtet man das Umgekehrte. Die Temperaturänderungen können sehr klein sein: Wenige

Zehntel Grad genügen, um bemerkt zu werden. Unsere Bezeichnung „warm" oder „kalt" orientiert sich an unserer Körpertemperatur. Adäquate Wärmereize liegen zwischen knapp unter 30 °C bis etwas über 40 °C, während Kaltrezeptoren auf Temperaturen zwischen 5 und 40 °C reagieren. Die maximale Empfindlichkeit für *Temperaturänderungen* liegt in einem mittleren Bereich bei Temperaturen zwischen 20 und 25 °C. Kurioserweise werden Kaltrezeptoren auch bei mehr als 45 °C erregt; dies erklärt die *paradoxe Kaltempfindung* (siehe Abschn. 7.2).

In der Haut des Menschen findet man mehr Kalt- als Warmpunkte. Vermutlich liegt dies daran, dass Information über das mögliche Auskühlen des Körpers für den Organismus wichtiger ist als die Information über die Erwärmung der Haut. Die Verteilung dieser Rezeptoren ist auf der Körperoberfläche sehr unterschiedlich. Im Gesicht und dem Mund gibt es besonders viele Temperaturrezeptoren. Auf der Zunge findet man 16 bis 19 Kaltpunkte/cm^2, auf dem Handteller 1 bis 5 Rezeptoren/cm^2. Aber in der Innenfläche der Hand finden wir deutlich weniger Warmpunkte: Es sind nur 0,4 Warmpunkte/cm^2. Die Thermorezeptoren liegen in der Lederhaut (Corium), und die Wärmerezeptoren befinden sich immer etwas tiefer als die Kaltrezeptoren und besitzen eine etwas geringere Leitungsgeschwindigkeit. In Tab. 7.1 ist die Anzahl der Kalt- und Warmpunkte in verschiedenen Körperregionen des Menschen dargestellt. Die zitierten Werte sind jedoch nicht als absolut anzusehen, denn es gibt eine beträchtliche Variation zwischen verschiedenen Menschen.

Die Empfindung von Temperatur lässt sich am besten – ähnlich wie Hunger, Durst oder Müdigkeit – als *„Allgemeinempfindung"* charakterisieren. Frieren oder Hitzegefühl sind in den meisten Fällen nicht auf bestimmte Hautareale

Tab. 7.1 Anzahl der Kaltpunkte (nach H. Strughold und R. Porz, Z. Biol., 1931, 91, 563–571) und Warmpunkte in der menschlichen Haut (H. Rein, Z. Biol., 1925, 82, 513–535)

	Kaltpunkte/cm^2	Warmpunkte/cm^2
Stirn	5,5–8	—
Nase	8–13	1
Mund	16–19	Gesamte Fläche
Restl. Gesicht	8,5–9	1,7
Brust	9–10,2	0,3
Unterarm	6–7,5	0,3–0,4
Handfläche	1–5	0,4
Finger, Handrücken	7–9	1,7
Finger, Handfläche	2–4	1,6
Oberschenkel	4,5–5,2	0,4

beschränkt, sondern *wir* frieren bei Kälte und *wir* empfinden große Hitze als unangenehm. Das ist eine wesentliche Voraussetzung, um angemessen auf Änderungen der Umgebungstemperatur zu reagieren: Bei Kälte ziehen wir wärmende Kleidung an, bei Hitze suchen wir den Schatten auf. Dies erleichtert das Konstanthalten der Körperkerntemperatur (Homöostase) in sehr engen Grenzen, was für unseren Organismus lebenswichtig ist.

7.1 Die Verteilung der Thermorezeptoren

Frage

Wir haben gelernt, dass die Druckpunkte in unserer Haut je nach Körperregion sehr unterschiedlich verteilt sind (siehe Experiment 6.2). Und an welchen Stellen unseres Körpers sind wir für Temperatur empfindlich? Es gibt nämlich auch abgrenzbare Warm- und Kaltpunkte. Wie sind diese in der Haut verteilt?

Durchführung und Ergebnisse

Wir verwenden kleinflächige Reize, die leicht erwärmt oder abgekühlt werden können. Angespitzte Metallstifte oder große Nägel sind geeignet. Besser ist ein Stück Draht, der an einem nichtmetallischen Griff wie beispielsweise Holz oder Kunststoff befestigt ist, sodass die Wärme der Hand die Temperatur unbeeinflusst lässt. Das Metall wird im Kühlschrank abgekühlt oder mit warmem Wasser erwärmt.

Mit einem wasserlöslichen Filzstift malen Sie ein kleines Gitter von 1 × 1 cm auf die Haut. Es eignen sich Stellen wie die Hand, der Rücken und die Stirn. Fahren Sie mit leichtem Druck mit dem Metall über die Haut Ihrer Versuchsperson. Sie soll angeben, wann sie Wärme oder Kälte spürt. Die Wahrnehmung geschieht nur an bestimmten Punkten, den Warm- und Kaltpunkten, an denen es ganz plötzlich zu einer Temperaturempfindung kommt. Außer im Gesicht, und dort vor allem in der Mundregion, können wir Wärme und Kälte nicht als Fläche, sondern in Wirklichkeit an diskreten kleinen Punkten spüren.

Die Anzahl dieser Punkte ist in verschiedenen Körperregionen sehr unterschiedlich. Vergleichen Sie Ihre Ergebnisse mit den Daten in der Tab. 7.1.

Erklärung und Bedeutung

Die Thermorezeptoren sprechen auf Warm- oder Kaltreize und besonders deutlich auf die Veränderungen der Temperatur an. Es handelt sich um sogenannte freie Nervenendigungen, die punktförmig über die Haut verteilt sind. Das bedeutet, dass es, anders als bei den Mechanorezeptoren keine speziellen Strukturen gibt. Trotz der abgrenzbaren Verteilung von Warm- und Kaltpunkten nehmen wir Temperatur ähnlich wie Berührungen der Haut immer flächenhaft und nicht punktförmig wahr, obwohl es diskrete, unterscheidbare Warm- und Kaltpunkte gibt. Dies liegt zum Teil an der hohen „Packungsdichte" der Rezeptoren und den sich stark überlappenden rezeptiven Feldern sowie an unserer ganzheitlichen Wahrnehmung der Reize.

7.2 Heiß und kalt

Frage

Haben Sie sich auch schon einmal gefragt, warum Sie eine Gänsehaut bekommen, wenn Sie in ein zu heiß eingelassenes Entspannungsbad steigen? Das Wasser ist 40 °C heiß und Sie frieren? Wie empfinden wir Hitze? Auch bei dieser Wahrnehmung ist unser Empfinden nicht immer eindeutig.

Durchführung und Ergebnisse

Die Berührung einer heißen Herdplatte führt dazu, dass wir reflektorisch die Hand schnell zurückziehen. Ein paradoxes Phänomen kann man an sich selbst beim Baden beobachten. Steigen wir in ein Bad mit heißem Wasser von mehr als 40 °C, dann empfinden wir dies nicht nur als sehr heiß, sondern gleichzeitig als kalt, und wir bekommen sogar eine Gänsehaut. Dies wird als *paradoxe Kaltempfindung* bezeichnet. Ähnliches können wir bemerken, wenn wir nur eine Hand in das heiße Wasser tauchen. Dann ist der Effekt jedoch nicht so stark ausgeprägt.

Erklärung und Bedeutung

Unsere Rezeptoren für Wärme sprechen auf Temperaturen zwischen knapp unter 30 °C bis etwas über 40 °C an. Die spezialisierten Kaltrezeptoren reagieren auch auf Temperaturen von mehr als 45 °C. Die Rezeptoren werden zwar von Wärme nicht aktiviert, aber bei sehr hohen Temperaturen werden sie durch Hitzereize wieder erregt. Dies erklärt die beobachtete paradoxe Kaltempfindung.

Hitzereize können die Haut schädigen und sind schmerzhaft. Deswegen vermeiden wir aktiv die Berührung heißer Gegenstände oder Flüssigkeiten. Solche Reaktionen laufen sehr schnell und unbewusst als Schutzreflexe ab. Wir ziehen die Hand von einer heißen Herdplatte weg, noch bevor wir den Schmerz spüren.

7.3 Die Weber-Täuschung

Frage

Hätten Sie gedacht, dass ein Gegenstand, der kalt ist, Ihnen schwerer vorkommen kann, als wenn er angewärmt ist? Wir können dies ganz einfach untersuchen, wenn wir uns fragen, wie die Temperatur eines Gegenstands sein gefühltes Gewicht beeinflusst. Dies war zuerst im 19. Jahrhundert von dem Leipziger Physiologen Ernst H. Weber systematisch untersucht worden, und das Phänomen ist deshalb nach ihm als Weber-Täuschung benannt.

Durchführung und Ergebnisse

Verwenden Sie dazu zwei Gewichte von je etwa 10 g; eines davon ist eisgekühlt aus dem Kühlschrank, das andere ist angewärmt. Dafür sind Münzen gut geeignet. Legen Sie sie auf den Handrücken oder auf die Stirn einer anderen Person. Der Proband soll nun angeben, welches Gewicht sich schwerer anfühlt.

Überraschenderweise werden diese nicht als gleich schwer empfunden, sondern das kalte wird als etwas schwerer beurteilt. Als Alternative zu dem Vorgehen kann man abwechselnd eine kalte oder zwei übereinandergelegte warme Münzen auf dieselbe Stelle der Stirn eines liegenden Menschen legen. Überraschenderweise gibt der Proband nun an, dass sich diese etwa gleich schwer anfühlen.

Erklärung und Bedeutung

Diese Täuschung lässt sich dadurch erklären, dass die Reaktion von Mechanorezeptoren von der Temperatur abhängt; je nach Temperatur reagieren sie unterschiedlich. Eine andere, ergänzende Erklärung geht davon aus, dass die Druckempfindung nicht nur auf der Aktivität der Mechanorezeptoren beruht, sondern auch von den gleichzeitig auftretenden und bemerkten Temperaturreizen beeinflusst wird. Die Anzahl der Kaltrezeptoren in der Haut des Menschen ist deutlich größer als die der Warmrezeptoren (siehe Tab. 7.1). Dies kann den stärkeren Einfluss eines Kältereizes auf die Wahrnehmung des Gewichts erklären. Außerdem werden Münzen bei Körpertemperatur nicht als Metall wahrgenommen und erschienen deshalb vermutlich als leichter.

7.4 Empfindung unserer Hauttemperatur

Frage

Zu unseren *Allgemeinempfindungen* zählt auch das Empfinden von Wärme und Kälte. Auch wenn Sie kalte Hände haben, kann es Ihnen warm sein. Wie nehmen wir die Temperatur unserer eigenen Haut wahr? Was fühlen wir?

Durchführung und Ergebnisse

Tauchen Sie einige Minuten lang eine Hand in heißes, aber nicht schmerzhaftes Wasser und die andere in kaltes Wasser. Dann trocknen Sie die Hände ab. Nach sehr kurzer Zeit fühlt man keinen Temperaturunterschied mehr, obwohl die Hände ganz offensichtlich unterschiedlich durchblutet sind. Die wärmere Hand ist gerötet, während die kältere Hand blass aussieht. Das kann man deutlich sehen.

Wenn Sie nun mit beiden Händen Ihr Gesicht betasten, so bemerken Sie, dass sie unterschiedlich warm sind. Wenn man jedoch verschiedene Gegenstände anfasst, so erscheinen diese den beiden Händen als gleich warm.

Erklärung und Bedeutung

Im Allgemeinen ordnen wir unsere Temperaturempfindungen beim Berühren und Betasten den jeweiligen Objekten zu. Wir empfinden die Gegenstände als warm oder kalt und nicht unsere Haut. Die Temperatur eines Gegenstands wie beispielsweise die einer Tasse oder Flasche und auch des Badewassers nehmen wir mit großer Genauigkeit und Sicherheit wahr. Diese Wahrnehmung ist offensichtlich weitgehend unabhängig von unserer Hauttemperatur, die bei angenehmen Umgebungstemperaturen normalerweise im Bereich zwischen 32 und 34 °C liegt. Dabei gibt es große Unterschiede zwischen bekleideten (Rumpf, Arme, Beine) und unbekleideten Bereichen (Kopf, Gesicht, Hände).

Außerdem verschwinden Warm- und Kaltempfindungen rasch durch Adaptation.

Unsere Wahrnehmung der Temperatur von Gegenständen wird auf diese bezogen, man sagt, sie seien objektiviert. Wir können diese Temperaturen recht gut beurteilen, und dies ist meist nahezu völlig unabhängig von unserer eigenen Hauttemperatur. Aus unserem Alltag kennen wir das. Die Temperatur einer Getränkeflasche oder des Badewassers schätzen wir ziemlich korrekt ein. Ähnliches erleben wir, wenn wir die Temperatur der Haut einer anderen Person spüren und mit unserer vergleichen. So können wir oft durch das einfache Berühren entscheiden, ob ein Kind Fieber hat.

Unsere eigene Hauttemperatur erscheint uns an verschiedenen Stellen des Körpers gleich, vermutlich liegt dies auch daran, dass die Information aus den Rezeptoren durch Adaptation und verschiedene andere Einflüsse im zentralen Nervensystem beeinflusst und verändert wird. Wie in allen anderen Sinnesmodalitäten ist die Wahrnehmung von absoluten Werten der Reizintensität weniger wichtig als das Bemerken und Einschätzen von Unterschieden.

7.5 Der Drei-Schalen-Versuch

Frage

Aus eigener Erfahrung wissen Sie wahrscheinlich, dass eine kalte Dusche vor dem Schwimmen bewirkt, dass wir das Wasser als weniger kalt und unangenehm empfinden. Sind wir durch die Sonne aufgewärmt, dann kommt uns das Wasser eher kühl vor. Wir nehmen Temperaturen oft nicht falsch wahr, aber wie gut können Sie dies tatsächlich einschätzen? In diesem Versuch können wir eindrucksvoll illustrieren, wie stark sich die Gewöhnung und Adaptation auf unsere Wahrnehmung von Wärme und Kälte auswirkt.

Durchführung und Ergebnisse

Bei diesem Experiment hält man beide Hände ein paar Minuten lang in Wasser unterschiedlicher Temperatur. Dafür bereiten Sie drei Schüsseln mit unterschiedlich temperiertem Wasser vor. Dann taucht man eine Hand in kaltes (20 °C), die andere in warmes Wasser (40 °C). Anschließend werden beide Hände gleichzeitig in eine Schüssel mit Wasser mittlerer Temperatur (30 °C) getaucht. Man empfindet nun an der einen Hand eine niedrigere Temperatur als zuvor, während die andere Hand eine Warmempfindung vermittelt (Abb. 7.1).

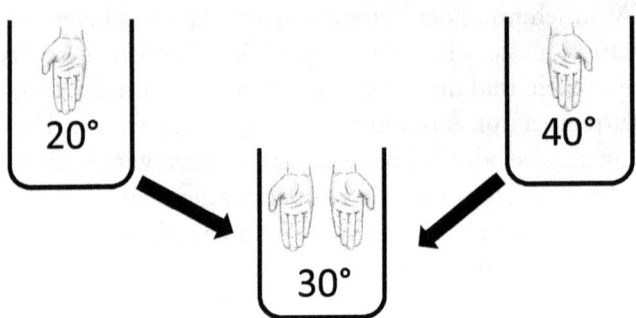

Abb. 7.1 Drei-Schalen-Versuch zur Temperaturempfindung

Erklärung und Bedeutung

Der hier beobachtete Effekt beruht auf der unterschiedlichen Adaptation der Kalt- und Warmrezeptoren. Beide Rezeptortypen passen sich auf die konstante Temperatur an.

Das auch leicht im Selbstversuch feststellbare Ergebnis illustriert, dass unsere Wahrnehmung nicht die objektiven Reizeigenschaften korrekt abbildet, sondern wesentlich empfindlicher auf Änderungen reagiert. Dies gilt für alle Sinnesmodalitäten, weil das Bemerken von absoluten Intensitätswerten für den Organismus weniger wichtig ist als Veränderungen.

In ähnlicher Weise sind wir nur schlecht in der Lage, absolute Temperaturen richtig einzuschätzen. Ein Wannenbad von 38 °C empfinden wir als recht warm, aber nach einiger Zeit in der Badewanne eher als lauwarm oder gar kühl, weil die zuständigen Rezeptoren adaptieren. Was wir hauptsächlich bemerken, sind Temperaturänderungen, die über die Thermorezeptoren vermittelt werden. Dabei spielt die Ausgangstemperatur eine große Rolle, wie der „Drei-Schalen-Versuch" zeigt. Man spürt, wie die Thermorezeptoren bei konstanter Temperatur adaptieren. Vermutlich ist dies auch der Grund dafür, dass wir bei konstanter Umgebungstemperatur „auskühlen" können, ohne es zu bemerken, was als eine der Ursachen für Erkältungskrankheiten angesehen wird.

Die Adaptation ist auch der Grund dafür, dass kaltes Duschen hilft, das Wasser als angenehmer zu empfinden, als wenn man erhitzt ins relativ kühle Wasser springt.

7.6 Die Temperatur verschiedenartiger Materialien

Frage

Ihnen ist sicher schon aufgefallen, dass ein einfacher Küchenstuhl aus Kunststoff sich nicht so warm anfühlt wie ein Polstersessel. Aber beide besitzen normalerweise dieselbe Temperatur, nämlich die Raumtemperatur. Wir fragen uns daher, wie die wahrgenommene Temperatur verschiedener Objekte durch ihre Materialeigenschaften beeinflusst wird. Und, warum halten wir eigentlich in der Sauna die sehr hohe Temperaturen aus?

Durchführung und Ergebnisse

Man verwendet verschiedene Objekte aus Metall, Kunststoff, Styropor, Holz oder Stoff, die sich seit vielen Stunden bei Zimmertemperatur in einem Zimmer befinden. Objektiv gemessen, besitzen sie dieselbe Temperatur. Berührt man sie, so können sie durchaus als unterschiedlich warm oder kalt empfunden werden. Metall wird immer als kälter als Kunststoff empfunden, und ein eisgekühltes Stück Holz kann uns beispielsweise kurzfristig als metallisch erscheinen.

Erklärung und Bedeutung

Wir nehmen die physikalischen Eigenschaften von verschiedenen Materialien nicht isoliert wahr, sondern die Oberflächenbeschaffenheit (glatt, rau, samtig, weich), das Gewicht und die Temperatur spielen eine Rolle. Wärme wird immer durch Körper hindurch von Bereichen höherer Temperatur zu Bereichen niedrigerer Temperatur übertragen. Dies wird als Wärmeleitung bezeichnet. Die Wärmeleitfähigkeit von Stoffen ist unterschiedlich. Es gibt gute und schlechte Wärmeleiter, und dabei fließt Wärme in Richtung geringerer Temperatur.

Die Wärmeleitung kann nur in einem Stoff erfolgen, und der physikalische Wärmeleitwert ist dabei deutlich unterschiedlich: Metalle leiten Wärme sehr gut, während Kunststoffe oder Holz die Temperatur nur schlecht leiten. Sie bemerken dies, wenn verschiedene Gegenstände längere Zeit in der Sonne lagen: Nicht alles fühlt sich gleich warm oder gleich heiß an.

Die Wärmeleitung erklärt auch, warum wir Temperaturen von 100 °C in einer Sauna problemlos überleben, aber nicht im gleich heißen Wasser. Der Wärmetransport durch die heiße Luft ist wesentlich geringer als der durch das heiße Wasser. Außerdem wird durch das Schwitzen in der Sauna dem Körper Wärme entzogen, was ebenfalls etwas hilft, die Hitzewahrnehmung zu verringern.

7.7 Nachempfindung von Temperatur

Frage

Die Wahrnehmung von verschiedenen Temperaturen dauert meistens eine gewisse Zeitlang an. Wie lange können Sie Kälte wahrnehmen? Spüren Sie sofort Wärme, wenn Sie einen kalten Gegenstand aus der Hand legen?

Durchführung und Ergebnisse

Ein kleines Stück Eis oder ein kaltes Stück Metall sind für diesen Test geeignet. Halten Sie das kalte Objekt einige Sekunden lang an die Stirn, dann spüren Sie die Kälte. Wenn Sie dann das Eis oder das Metall wegnehmen, haben Sie noch mindestens eine halbe bis eine Minute lang eine Empfindung von Kälte an der entsprechenden Stelle der Haut.

Erklärung und Bedeutung

Diese Beobachtung illustriert, dass wir nicht nur bei fallender Temperatur, sondern auch bei steigender Temperatur Kälte wahrnehmen können. Die länger anhaltende Kaltempfindung tritt nämlich offenbar auch bei steigender Temperatur auf, denn die Haut erwärmt sich langsam wieder. Dies ist nicht auf die tatsächliche, objektiv messbare Temperatur zurückzuführen, denn sonst müsste der Nacheffekt eine Warmempfindung verursachen. Dies nehmen wir jedoch nicht so wahr, sondern das Gegenteil.

7.8 Temperaturunterschiede

Frage

Wenn Sie die Wassertemperatur vor dem Schwimmen mit nur einem Finger prüfen, dann kommt Ihnen das sicher nicht so warm vor, wenn Sie ins Wasser gehen. Offenbar täuschen wir uns. Wie hängt denn die Wahrnehmung von Unterschieden der Temperatur von der Reizfläche ab?

Durchführung und Ergebnisse

Es geht darum, zu testen, wie gut wir Temperaturunterschiede bemerken. Tauchen Sie einen Finger nacheinander in zwei verschiedene Schüsseln mit Wasser, dessen Temperatur sich nur um 1 bis 3 °C unterscheidet. Vermutlich können Sie den Unterschied nicht spüren. Taucht man jedoch jeweils die ganze Hand ins Wasser, so bemerkt man den Temperaturunterschied deutlich.

Erklärung und Bedeutung

Diese Beobachtung kann durch die *Summation* vieler kleiner unterschwelliger Reize erklärt werden. Je größer die ins Wasser getauchte Fläche ist, desto mehr Rezeptoren werden erregt. Dies wird als **Bahnung** bezeichnet und kann in ähnlicher Weise in anderen Sinnesmodalitäten gefunden werden. Ein kleiner, sehr schwacher Lichtreiz wird nicht gesehen. Wird bei gleichbleibender Lichtintensität die Fläche vergrößert, so nehmen wir das Licht wahr. Das bedeutet, dass die Reizung eines größeren räumlichen Bereichs die Wahrnehmung verändert, weil dann mehr Rezeptoren erregt werden.

Der Begriff Bahnung wird auch verwendet, wenn sich die Anzahl der erregten Synapsen erhöht, was zu einer effizienteren Übertragung der Erregung an nachgeschaltete Neurone des ZNS führt und auf diese Weise die Empfindlichkeit und die Effizienz des jeweiligen Sinnessystems erhöht. Die Erregungsprozesse im ZNS werden durch zusätzliche Erregung gesteigert. Dies kann als *räumliche Bahnung* geschehen, wenn zusätzliche andere Nervenfasern stimuliert werden, oder als *zeitliche Bahnung*, wenn die Impulse über dieselbe Afferenz mit höherer Frequenz weitergeleitet werden.

8

Geschmack und Geruch

Geschmack und Geruch reagieren auf chemische Reize, die wir bewusst oder unbewusst schmecken und riechen und werden deshalb als *chemische Sinne* bezeichnet. Viele dieser Reize erreichen uns kontinuierlich und führen zu einer meist lange andauernden Geruchs- und Geschmackswahrnehmung. Üblicherweise wird die geschmackliche Wahrnehmung als Nahsinn bezeichnet, weil die gelösten Geschmacksstoffe direkt mit den Sinneszellen der Zunge interagieren müssen, um bemerkt zu werden. Geruch sieht man am sinnvollsten als Fernsinn der näheren Umgebung an, der auf eingeatmete Duftstoffe reagiert.

Bei unserer Geschmackswahrnehmung kennt man fünf Hauptqualitäten, für die es spezifische Rezeptoren auf der Zunge gibt: bitter, salzig, süß, sauer und die Geschmacksrichtung **umami,** die in Fleisch und anderen Eiweißprodukten enthalten ist und als würziger Geschmack wahrgenommen wird. Die Rezeptoren für diese wenigen Geschmacksqualitäten liegen auf den sogenannten Geschmackspapillen der Zunge. Im Gegensatz hierzu sind die passenden, adäquaten Reize, die gerochen werden können, sehr vielfältig; wir können Hunderte von verschiedenen Düften wahrnehmen. Allen ist gemein, dass sie gasförmig und flüchtig sein müssen, damit sie mit dem Luftstrom über die Atemwege das Riechepithel der Nase erreichen können.

Als *Aroma* wird ein spezifischer Geruch oder ein Geschmack bezeichnet, der durch bestimmte chemische Stoffe oder Stoffgemische hervorgerufen wird. Bei Lebensmitteln wird ihr charakteristischer Geschmack deshalb als Aroma beschrieben.

Beide Sinnesmodalitäten werden schnell und gleichzeitig in vielen verschiedenen Hirnarealen verarbeitet, bevor sie in Kombination mit Emotionen und Erinnerungen in der Großhirnrinde zu einer bewussten Wahrnehmung führen. Geruchs- und Geschmacksinformationen erreichen Zentren, die Hunger und Sättigung signalisieren und so die Nahrungsaufnahme beeinflussen und Bereiche, die für Emotionen auch unser Sozial- und Sexualverhalten wichtig sind.

Diese als chemische Sinne bezeichneten Sinnesfunktionen besitzen folglich für unser Leben eine große Bedeutung: Wir müssen essen und trinken und deshalb bei allen Nahrungsmitteln entscheiden, ob diese wohlschmeckend und genießbar oder möglicherweise verdorben und für unsere Gesundheit schädlich sind. Unser Geruchssinn ist nicht so effizient wie der von Tieren, aber er hilft uns bei unserer bewussten und unbewussten Orientierung in der Welt und ist für unser Wohlbefinden und auch für die Wahrnehmung möglicherweise gefährlicher Substanzen wichtig. Brandgeruch oder der Geruch von Gas besitzen für uns eine Warnfunktion.

All diese Empfindungen sind in Emotionen und lange zurückliegende persönliche Erinnerungen eingebunden. Gerüche empfinden wir fast immer als entweder angenehm oder unangenehm und nur selten als wirklich neutral. Ein berühmtes Phänomen für Erinnerungen, die an in der Kindheit erlebte Düfte und Erlebnisse gekoppelt sind, ist der nach dem bekannten französischen Schriftsteller Marcel Proust bezeichnete „Proust-Effekt". Dies ist im Abschn. 8.10 ausführlicher dargestellt.

8.1 Die Papillen der Zunge

Frage

Sie haben sicher schon einmal eine Zunge gesehen, entweder die eigene im Spiegel oder die eines anderen Menschen oder sogar eine Rinderzunge. Die Oberfläche der Zunge erscheint nicht glatt, sondern sie ist sehr rau, weil es zahlreiche kleine auch mit bloßem Auge sichtbare Strukturen gibt, in denen sich die mikroskopisch kleinen Geschmacksrezeptoren befinden.

Dies wollen wir näher betrachten: Wie sehen die rezeptiven Elemente auf der menschlichen Zunge aus? Welche Einzelheiten lassen sich auch ohne Mikroskop erkennen? Gibt es Unterschiede zwischen verschiedenen Personen?

Durchführung und Ergebnisse

Um eine Vorstellung vom Aussehen und der Verteilung Ihrer Geschmackspapillen zu erhalten, können Sie sich die Oberfläche der eigenen Zunge mit einer Lupe vor einem Spiegel oder in einem vergrößernden Spiegel ansehen. Wenn man die Zunge mit einer dunklen Lebensmittelfarbe einfärbt, können Sie die Strukturen deutlicher erkennen. In ähnlicher Weise kann man die Zunge eines Partners betrachten.

Es gibt unterschiedlich große Erhebungen, die auf der Oberfläche der Zunge unregelmäßig verteilt sind. Vergleicht man verschiedene Personen, sieht man eine überraschend große Variation.

Erklärung und Bedeutung

Sie können die Verteilung der Papillen der Zunge sehen, in denen sich die winzigen Geschmacksrezeptoren befinden. Es gibt zwar große Unterschiede zwischen verschiedenen Personen, aber dies besitzt offensichtlich keine große Bedeutung für das normale Schmecken. Die kleinen, länglichen Fadenpapillen auf dem Zungengrund und in der Mitte der Zunge sind zwar sehr zahlreich, sie tragen jedoch nicht zur Geschmackswahrnehmung bei.

Die einzelnen Geschmackspapillen sind bis zu 3 mm breit, und sie werden nach ihrer Form unterschieden: Während Pilzpapillen (zwischen 150 und 400) überall auf der Zunge zu finden sind, liegen die 7 bis 15 Wallpapillen am Zungengrund und die 15 bis 30 Blätterpapillen am hinteren Seitenrand der Zunge. Auf der übrigen Zunge liegen die erwähnten Fadenpapillen, die jedoch keine unmittelbare Funktion für den Geschmack haben, sondern die mechanischen Eigenschaften der Reize erfassen. Es gibt eine große Variationsbreite, die man sehen kann, wenn man die Verteilung der Geschmackspapillen verschiedener Menschen vergleicht. Dennoch ist die geschmackliche Bewertung der Grundqualitäten verschiedener Personen davon offenbar unabhängig.

8.2 Verteilung der Geschmacksqualitäten auf der Zunge

Frage

Wahrscheinlich wurde auch Ihnen im Schulunterricht erklärt, dass es angeblich gut abgrenzbare Bereiche auf der Zunge gibt, die für das Schmecken von süß, salzig, sauer oder bitter zuständig sind. Aber stimmt das auch?

Testen wir einmal, welchen Geschmack wir in verschiedenen Regionen der Zunge wahrnehmen können. Stimmt die traditionelle Zuordnung der Geschmacksrichtungen zu bestimmten Gebieten der Zunge?

Durchführung und Ergebnisse

Bereiten Sie fünf Gläser vor mit

- 1 Teelöffel Zucker in 125 ml Wasser (süß)
- 1/2 Teelöffel Kochsalz in 125 ml Wasser (salzig)
- Zitronensaft (sauer)
- ungesüßtem kalten, starken Kaffee (bitter)
- kalter konzentrierter Fleischbrühe (würzig, umami)

Vor einem Spiegel geben Sie die verschiedenen Lösungen mit einem Wattestäbchen systematisch auf verschiedene Stellen Ihrer eigenen Zunge (oder Sie untersuchen die Zunge eines Partners). Sinnvoll ist, die Zungenspitze, die seitlichen Ränder und den Zungengrund ganz hinten systematisch zu testen. Es sollte auch geprüft werden, ob man in der Mitte der Zunge etwas schmecken kann. Zwischendurch wird der Mund immer wieder mit frischem Wasser gespült. Notieren Sie, was an welcher Stelle geschmeckt wird und tragen Sie die Ergebnisse für süß, sauer, salzig, bitter und würzig mit verschiedenen Symbolen in eine schematische Zeichnung der Zunge ein (wie beispielsweise in Abb. 8.1 gezeigt). Wenn man mit dem Wattestäbchen den Zungengrund sehr weit hinten berührt, kann ein Würgereflex einsetzen, also muss man hier besonders vorsichtig sein.

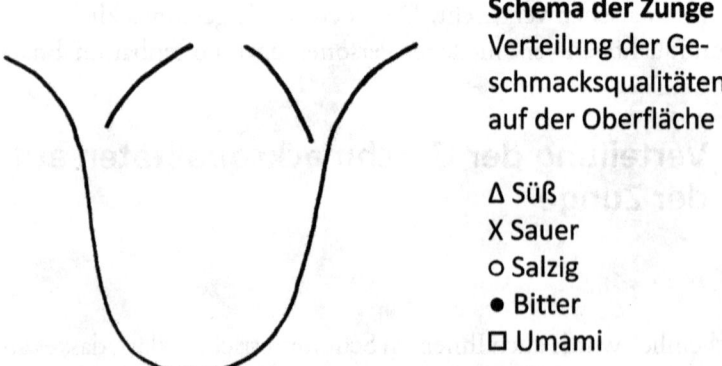

Schema der Zunge
Verteilung der Geschmacksqualitäten auf der Oberfläche

Δ Süß
X Sauer
o Salzig
• Bitter
□ Umami

Abb. 8.1 Ein Schema der Zunge, in das die Orte der verschiedenen gefundenen Geschmacksqualitäten eingetragen werden

Erklärung und Bedeutung

Die Verteilung der Geschmacksqualitäten sieht anders aus als seit Jahrzehnten behauptet. Ältere Publikationen beschrieben eine strikte Unterteilung der Bereiche, die für süßen, sauren, salzigen oder bitteren Geschmack zuständig seien. Hinten auf der Zunge, dem Zungengrund, findet man zwar hauptsächlich bitter, aber am Zungenrand und den anderen Bereichen der Zunge werden alle Qualitäten bemerkt. Die früher vermutete Lokalisation und strenge Trennung der Wahrnehmung von süß, sauer, salzig und bitter auf der Oberfläche der Zunge entspricht nicht der Realität.

Weil die Mitte der Zunge kaum Geschmacksrezeptoren besitzt, schmeckt man hier nichts. Diese Region ist mit den sogenannten Fadenpapillen bedeckt, die nur die ebenfalls wichtige Information über die mechanische Eigenschaften und die Konsistenz der Geschmacksstoffe vermitteln. Sie sind wichtige Mechanorezeptoren der Zunge und spielen beispielsweise bei der Bewertung der Qualität von Lebensmitteln eine wichtige Rolle.

Nicht nur in Büchern, sondern auch im Internet findet man heute noch zahlreiche Beispiele für eine klar gegliederte „Zungenkarte". Es ist rätselhaft, warum sich diese falsche Interpretation so lange gehalten hat. Die ursprüngliche experimentelle Untersuchung des Physiologen David Pauli Hänig von vor über 120 Jahren beschreibt nämlich das Gegenteil: Er fand, dass alle Bereiche der Zunge für alle Geschmacksrichtungen empfindlich waren[1]. Vermutlich liegt der Verbreitung ein Übersetzungsfehler und die Fehlinterpretation durch den amerikanischen Psychologen Edwin G. Boring zugrunde, der in den 1940er Jahren eine weithin bekannte und lesenswerte Übersicht über die Geschichte der Sinneswahrnehmung publizierte.

8.3 Nachgeschmack

Frage

Nicht nur, wenn Sie etwas essen oder trinken, sondern auch nach einem enttäuschenden oder unangenehmen Erlebnis bleibt oft – im übertragenen Sinne – ein Nachgeschmack. Hier soll es um einen durch Geschmacksstoffe ausgelösten Nachgeschmack gehen. Können Sie sich vorstellen, was das mit physiologischen Vorgängen zu tun haben kann? Bleibt also unser Schmecken immer gleich oder ändert sich der Geschmack im Laufe der Zeit?

---

[1] Hänig, D. P., Zur Psychophysik des Geschmackssinnes. Philosophische Studien, 1901, 17, 576–623.

Durchführung und Ergebnisse

Zunächst probieren wir den Geschmack eines künstlichen Süßstoffs wie beispielsweise Saccharin. Solche Substanzen sind wesentlich süßer als gewöhnlicher Rohrzucker. Saccharin ist 300 bis 700 Mal so süß wie Zucker und besitzt einen starken bitteren Nachgeschmack.

Aber auch Rohrzucker kann einen Nachgeschmack hinterlassen. Davon können Sie sich überzeugen, wenn Sie einen künstlichen Süßstoff testen, der bei hoher Konzentration bitter schmeckt, ein Eindruck, der auch nach dem Schlucken oder Ausspucken bestehen bleibt. Sie können auch drei Esslöffel Zucker in eine Tasse Wasser geben, umrühren, warten bis der ungelöste Zucker absinkt. So erzeugen Sie eine hochkonzentrierte Zuckerlösung. Wenn Sie nun einen großen Schluck ungefähr eine Minute lang in den Mund nehmen, dann alles ausspucken oder schlucken, bemerken Sie einen leicht bitteren Nachgeschmack. Verwendet man statt Zucker einen künstlichen Süßstoff, ist der Nachgeschmack deutlicher ausgeprägt.

Erklärung und Bedeutung

Die Geschmacksempfindlichkeit nimmt bei konstanter Reizstoffkonzentration oder als Folge starker Geschmacksreize ab. Ähnlich wie in allen Sinnesmodalitäten wird dies als Adaptation bezeichnet. Die Geschmacksadaptation ist spezifisch für die vom Geschmacksreiz betroffene Art der Geschmackssinneszellen. Unsere Zunge gewöhnt sich nach einiger Zeit an süß, salzig oder sauer. Die lang andauernde Stimulation mit Zucker führt beispielsweise dazu, dass Süßes weniger stark geschmeckt wird, aber die Empfindung „Bitter" nimmt jedoch meistens in ihrer Stärke zu. Dies liegt vermutlich daran, dass Bitterstoffe für uns oft giftig und schädlich sind. Bei meist bitteren Arzneimitteln wird der vor allem von Kindern als sehr negativ empfundene Geschmack durch den Zusatz von Süß- oder Aromastoffen kaschiert.

Die Gewöhnung an süße Getränke und Lebensmittel führt auch dazu, dass wir mehr Süßes zu uns nehmen. Oder die Gewöhnung an Salz führt zu häufigem Nachsalzen. Dies ist das Ergebnis langfristiger unbewusster Lernprozesse.

Künstliche Süßstoffe besitzen einen deutlich stärkeren Nachgeschmack als Zucker, weil sie deutlich mehr Süßkraft haben. Bei hoher Konzentration schmecken sie bitter. Im Alltag sprechen wir ebenfalls von Geschmack oder Nachgeschmack, was dann jedoch nichts mit den physiologischen Vorgängen zu tun hat: Unangenehme *Erlebnisse hinterlassen einen Nachgeschmack* oder ein *Verzicht ist bitter,* Genuss und Lebensfreude verbinden wir mit dem *süßen Leben,* dem *Dolce vita.*

8.4 Einfluss der Konzentration von Salz

Frage

Es mag Sie überraschen, aber Kochsalz muss nicht unbedingt salzig schmecken. Schließlich taucht in Backrezepten immer auch eine Prise Salz auf, die den Kuchen oder auch Süßspeisen wie Grießbrei oder Pudding verfeinert. Also, schmeckt Salz wirklich immer salzig? Wovon hängt dies ab?

Durchführung und Ergebnisse

Geben Sie in ein Glas mit abgekochtem kaltem Leitungswasser fünf gehäufte Teelöffel Kochsalz und rühren es um. Anschließend wird diese Lösung zehnmal mit jeweils zwei Teilen Wasser, also *im Verhältnis 2:1,* verdünnt und jeweils in ein anderes sauberes Glas gefüllt. Zusätzlich füllen Sie ein Glas mit frischem Leitungswasser.

Nun probieren Sie mit geschlossener Nase das reine Wasser und die Salzlösungen der Reihe nach von der geringsten bis zur größten Konzentration.

Am besten notieren Sie, was Sie bei den jeweiligen Konzentrationen geschmeckt haben. Bei der geringsten Konzentration empfindet man zunächst einen leicht süßen Geschmack und erst ab einer höheren Konzentration wird „salzig" geschmeckt.

Erklärung und Bedeutung

Bei Kochsalz (NaCl) ist die Konzentration ein wichtiger Faktor für seinen Geschmack. Die bevorzugte Konzentration von Kochsalz für einen salzigen Geschmack liegt etwa 6 g Salz in einem Liter Wasser.

Sehr niedrige Konzentrationen werden sogar als süß empfunden, mit steigender Salzkonzentrationen empfinden wir die Lösung als immer salziger. Dies liegt an den Verarbeitungsmechanismen der Geschmacksrezeptoren, wobei die Details noch nicht vollständig geklärt sind. Man weiß, dass der salzige Geschmack von Kochsalz hauptsächlich durch das Natriumion (Na^+) gesteuert wird, und man vermutet, dass auch das Chloridion (Cl^-) über molekulare Mechanismen erkannt wird. Bei Kaliumchlorid (KCl) kann man ebenfalls beobachten, dass Salz nicht immer salzig schmeckt, sondern auch als süß, und sogar als sauer oder bitter wahrgenommen werden kann.

Salz wird jedoch vor allem in vorverarbeiteten Lebensmitteln oft nicht bemerkt. Dass der Salzgehalt bei Wurstwaren oder Salzgebäck hoch ist, ist wenig überraschend, aber auch viele andere Produkte enthalten unnötigerweise oft größere Mengen an Salz. Beispiele sind Brot, aber auch Süßigkeiten wie Kekse, Kuchen oder Pudding, die eine Prise Salz enthalten. Dies ist vermutlich auch einer der Gründe, warum der durchschnittliche Verzehr von Kochsalz in Deutschland mit zehn Gramm recht hoch ist. Von der *Deutschen Gesellschaft für Ernährung* werden nur täglich sechs Gramm empfohlen. Aber Salz ist lebenswichtig, denn es reguliert den Wasserhaushalt des Körpers und beeinflusst die Verdauung und unsere Muskeln. Auf dauerhaft zu hohen Salzkonsum reagieren jedoch viele Menschen mit Bluthochdruck, wodurch das Risiko für Herz-Kreislauf-Erkrankungen steigt. Zusätzlich werden die Nieren, die überschüssiges Salz ausscheiden, belastet, und auch die Zusammensetzung der Darmbakterien und ihre Funktion kann sich durch einen dauerhaft hohen Salzkonsum verändern.

8.5 Elektrischer Geschmack

Frage

Haben Sie schon einmal getestet, ob eine Batterie noch geladen ist, indem Sie an ihr lecken? Da haben Sie sicher auch etwas geschmeckt! Durch elektrischen Strom können alle Rezeptoren und Nervenzellen erregt werden. Was empfindet man also, wenn die Rezeptoren der Zunge nicht durch passende Geschmacksreize, sondern durch andere, nichtadäquate Reize erregt werden?

Durchführung und Ergebnisse

Berühren Sie mit der Zunge gleichzeitig die beiden Pole einer schwachen Batterie. Als Alternative können Sie auch ein Stück Kupferdraht und ein Zinkblech verbinden, indem man sie mit einer Zange zusammendrückt. Wenn Sie sich an Ihren Physikunterricht erinnern, wissen Sie, dass zwischen den ungleichen Metallen eine schwache Spannung von etwa 1,1 V herrscht. Bei der Berührung beider Pole mit der Zunge spürt man einen leicht säuerlichen Geschmack. Der Pluspol schmeckt anders als der Minuspol.

Bei einer größeren Spannung wie der einer 9 V-Batterie verspürt man jedoch nicht nur einen Geschmack, sondern einen starken, stechenden Schmerz.

Erklärung und Bedeutung

Der durch Strom ausgelöste Geschmack kommt nicht durch eine Elektrolyse des Speichels an den verschiedenen Metallen, sondern durch die nichtadäquate Erregung der Sinneszellen durch den elektrischen Strom zustande. Durch den Strom oder auch durch mechanische Verformung werden die Rezeptoren genauso wie auch alle anderen Neurone erregt. Sobald es eine Erregung in den afferenten Nerven gibt, wird diese an das Gehirn geleitet, unabhängig von dem jeweiligen Reiz. Ähnliches lässt sich beim Sehen beobachten, wenn der Augapfel mit einem schwachen elektrischen Strom gereizt wird, oder bei der ebenfalls nichtadäquaten mechanischen Reizung des Auges durch Druck (siehe Abschn. 3.10).

Auch Schmerzen können falsch lokalisiert werden, wenn nicht die Schmerzrezeptoren, sondern die Nerven entlang des Verlaufs der afferenten Bahnen erregt werden. Stoßen wir mit dem Ellbogen schmerzhaft an einem harten Gegenstand an, so spüren wir den Schmerz oft im kleinen Finger und weniger am Ellbogen. Diese Fehllokalisation wird als *projizierter Schmerz* bezeichnet, denn der empfundene Schmerz wird auf einen anderen Körperteil projiziert. Dasselbe beobachtet man bei Phantomschmerzen, wobei Patienten Schmerzen in ihren amputierten, also nicht mehr vorhandenen Gliedmaßen empfinden, weil die zugehörigen Gebiete im Gehirn erregt werden. Deshalb können solche Phantomschmerzen sehr oft nicht zufriedenstellend behandelt werden.

Das Phänomen des elektrischen Geschmacks lässt sich – ähnlich wie die genannten Phantomschmerzen oder die Phosphene – mit der *Theorie der spezifischen Sinnesenergien* des Physiologen Johannes Peter Müller erklären (siehe Kap. 1). Das Gehirn interpretiert die Art und den Ort des Reizes als die Modalität des Sinnesorgans, in dem die entsprechenden afferenten Nerven ihren Ursprung haben.

8.6 Der Geschmack von Wein

Frage

Auch wenn Sie keinen Wein trinken, wissen Sie, dass Weinkenner großen Wert darauf legen, dass der Wein bei der „richtigen" Temperatur serviert wird. Nicht nur aus Tradition verwenden wir für das Konsumieren unterschiedlicher Speisen und Getränke verschiedene Temperaturen. Sekt, Bier und Erfrischungsgetränke werden kalt genossen, Kaffee oder Tee meist warm. Ähnliches gilt für Speisen: Suppen oder Spaghettigerichte werden warm angeboten, Salate und Brot mit Wurst oder Käse kalt. Wie beeinflusst die Temperatur von Lebensmitteln und Getränken unseren Geschmackssinn?

Durchführung und Ergebnisse

Servieren Sie denselben Wein von verschiedener Temperatur in verschiedenen Gläsern. Dieser schmeckt vermutlich unterschiedlich intensiv und gut, je nach dem, wie warm oder kalt der Wein ist. Dies kann man abwechselnd mit Weiß- oder Rotwein oder verschiedenen Weinsorten testen. Sie können auch andere Getränke wie beispielsweise Bier oder Fruchtsaft untersuchen.

Vermutlich finden Sie große Unterschiede im Geschmack, wenn das Getränk kalt oder warm ist.

Erklärung und Bedeutung

Die Rezeptoren der Zunge und der Nase reagieren je nach Temperatur unterschiedlich. Verschiedene Temperaturen sorgen außerdem dafür, dass sich die Geruchsmoleküle andersartig im Nasen- und Rachenraum verteilen und auch eine unterschiedliche Konzentration besitzen. Generell lässt sich sagen: Je kühler ein Wein ist, desto weniger wird er gerochen, und je wärmer er ist, desto mehr trägt der Geruch zum Geschmack des Weins bei.

Viele unserer Präferenzen für Lebensmittel und Getränke sind durch Lernen und Erfahrung und auch durch Traditionen kulturell geprägt. Für Getränke gibt es Empfehlungen, bei welcher Temperatur sie genossen werden sollen: Für Weißweine werden 10 und 12 °C und für Bier 10 °C empfohlen, und manche Rotweine sollen zwischen 15 und 18 °C warm sein. Warmes Bier, Weißwein und Sekt oder kalte Nudeln und Suppen werden eher selten serviert. Soba-Nudeln aus Buchweizen werden beispielsweise in Japan in der kalten Jahreszeit eher heiß als *Kake Soba* oder *Tsuke Soba* genossen, während im heißen Sommer *Zaru Soba* oder *Mori Soba* (kalte Soba-Nudeln) bevorzugt werden.

Die Auswirkungen der Temperatur auf unseren Geschmack untersuchen wir im Abschn. 8.7 nochmal etwas genauer.

8.7 Einfluss der Temperatur auf das Aroma

Frage

Sie haben gerade erfahren, wie die Temperatur von Wein und anderen Getränken Ihr Geschmackserlebnis bestimmt. Wie beeinflusst die Temperatur von anderen Lebensmitteln ihre Geschmacks- und Aromaintensität? Dies können Sie systematisch testen.

Durchführung und Ergebnisse

Benötigt wird Speiseeis keiner bestimmten Sorte sowie etwas lauwarmes Wasser. Es spielt keine Rolle, ob es sich um Schokoladen-, Erdbeer- oder Vanillegeschmack handelt. Man lässt zwei bis drei Esslöffel Eis bei Zimmertemperatur in einer Schale schmelzen. Das restliche Eis bleibt im Tiefkühlschrank gefroren. Wenn das Eis geschmolzen ist, geben Sie in eine zweite Schale das tiefgekühlte Eis.

Kosten Sie zunächst das geschmolzene Eis und spülen dann Ihren Mund mit Wasser. Danach probieren Sie von dem gefrorenen Eis. Welche Probe schmeckt süßer? Welches besitzt ein intensiveres Aroma?

Im Allgemeinen werden Geschmack und Aroma bei dem gefrorenen Eis weniger intensiv wahrgenommen als bei demselben geschmolzenen Eis. Speiseeis enthält viel Zucker, was wir jedoch oft nicht bemerken, wenn es sehr kalt ist.

Statt Eis können Sie auch den Geschmack von Pudding oder von Fruchtjoghurt und Marmelade bei verschiedenen Temperaturen testen.

Erklärung und Bedeutung

Die Temperatur beeinflusst die Funktion der Rezeptoren der Zunge und der Nase, u. a. weil sich die Geruchsmoleküle bei verschiedener Temperatur unterschiedlich in der Nase und dem Rachen verteilen und deshalb unterschiedliche Konzentrationen besitzen. Generell beeinträchtigen und verändern niedrige Temperaturen die Wahrnehmungsfähigkeit für den Geschmack und das Aroma von Lebensmitteln, die dann weniger intensiv riechen und schmecken.

Manche Getränke schmecken nur dann gut, wenn sie sehr kalt genossen werden. Sind sie jedoch lauwarm, finden wir den Geschmack deutlich weniger angenehm. Dies liegt zum Teil auch an unseren Erwartungen und Gewohnheiten. Beispielsweise wird Aquavit in Norwegen bei Zimmertemperatur getrunken, in Deutschland jedoch meist eisgekühlt.

8.8 Veränderung der Süßwahrnehmung

Frage

Trinken Sie gerne „Softdrinks"? Sie werden überrascht sein, wie viel Zucker Ihnen offenbar gut schmeckt.

Unser Geschmackssinn beruht darauf, dass viele unterschiedliche Substanzen die Geschmacksrezeptoren gleichzeitig erregen. Wie wirken sich dabei Mischungen unterschiedlicher Stoffe aus? In diesem Versuch überprüfen wir, wie gut ein Getränk schmeckt, das den üblichen Zuckergehalt von gesüßten Erfrischungsgetränken hat und wie unser Geschmack täglich recht einfach verändert wird.

Durchführung und Ergebnisse

1. Der Einfluss von Säure auf unsere Süßwahrnehmung
Sie benötigen drei Flaschen mit je 1,5 l frischem Leitungswasser; die erste Flasche enthält nur Wasser, in die zweite geben Sie 105 g Zucker (ca. 35 Stück Würfelzucker; dies ist etwa die Zuckermenge, die in Cola oder einem Energiedrink enthalten ist!). In die dritte Flasche kommen 105 g Zucker und 50 ml Zitronensaft. Sie schütteln dann die Flaschen, bis sich der Zucker gelöst hat. Zuerst kostet man das reine Wasser, danach die Flasche mit der Zuckerlösung. Dann wird der Mund ausgespült und die dritte Flasche getestet. Eine Testperson (oder Sie selbst) soll den Geschmack mit Schulnoten von 1 (sehr gut) bis 6 (ungenießbar) bewerten.

Die konzentrierte Zuckerlösung erscheint den meisten Menschen als fast ungenießbar, während das mit Zitronensaft versetzte Getränk deutlich besser schmeckt.

2. Der Einfluss von Zahnpasta auf unseren Geschmack
Testen Sie direkt nach dem Zähneputzen oder dem Spülen des Munds mit einem Mundwasser verschiedene Getränke: Orangensaft, Apfelsaft, klares Wasser. Die Säfte schmecken ungewohnt sauer. Das reine Wasser besitzt einen Nachgeschmack, der von der Zahnpasta oder Spülen im Mundraum verbleibt.

Erklärung und Bedeutung

1. Der süße Geschmack eines stark gesüßten Getränks wird erträglich, wenn ausreichend Säure zugefügt wird. Die Säure des Zitronensafts gleicht die Süße des Getränks etwas aus und lässt sie nicht so stark empfinden. Deshalb können zugesetzte Säuren in Süßgetränken wie Limonaden oder Cola und anderen Softdrinks den meistens sehr hohen Zuckergehalt verdecken.

Wie aus ernährungsphysiologischen Studien bekannt ist, führt der Konsum von mit Zucker gesüßten Erfrischungsgetränken bei Erwachsenen zu Übergewicht und Fettleibigkeit.

2. Zahnpasta enthält unter anderem das als Reinigungsmittel wirkende Natriumlaurylsulfat, das vorübergehend die Süßrezeptoren der Zunge blockiert. Normalerweise unterdrückt etwas Süßes auch die Wahrnehmung von bitter und sauer, sodass diese eher unangenehmen Geschmackskomponenten des Safts nun stärker wahrgenommen werden, weil nun die Süßkomponente fehlt.

Ähnliche Veränderungen des Geschmacks kann man bei einer Blockade der Rezeptoren durch Kokain beobachten. Eine Kokainlösung auf der Zunge führt innerhalb von wenigen Minuten nacheinander zu dem Ausfall der Empfindungen von bitter, süß, salzig, sauer. Dies liegt ebenfalls an einer Blockade der verschiedenen Geschmacksrezeptoren auf der Zunge, die unterschiedlich empfindlich auf diese Substanz reagieren, sodass keine Information an das Gehirn geleitet wird. Sie müssen das aber nicht unbedingt an sich ausprobieren!

8.9   Geschmacksveränderungen durch Wunderfrucht

Frage

Sagt Ihnen der Begriff „Wunderfrucht" etwas? Das klingt nicht nur exotisch, sondern ist es auch, denn die Wunderfrucht besitzt einen starken Einfluss auf unser Geschmacksempfinden. Damit können Sie erleben, wie sich eine selektive Blockade von Geschmacksrezeptoren auf unsere Wahrnehmung auswirkt.

Durchführung und Ergebnisse

Die „Wunderbeere" *Synsepalum dulcificum* (oder auch Mirakelfrucht genannt) stammt aus Westafrika. Diese Pflanze lässt sich als Zimmerpflanze halten, und die Inhaltsstoffe der Früchte sind auch in Tablettenform erhältlich. Das Internet hilft Ihnen, dies zu finden.

Nach dem Zerkauen der Früchte oder dem Lutschen einer solchen Tablette beißt man in eine Zitrone oder Grapefruit. Der natürliche saure Fruchtgeschmack verschwindet, stattdessen schmeckt man überraschenderweise „Süß".

Erklärung und Bedeutung

Saures und Bitteres wird durch eine Veränderung der Funktion der Süßrezeptoren als süß wahrgenommen. Andere Substanzen wie beispielsweise auch Kokain blockieren in ähnlicher Weise die Rezeptoren in den Geschmacksknospen. Dies führt ebenfalls zu einer veränderten Wahrnehmung. Die Wirkung bleibt einige Zeit erhalten und die Geschmackswahrnehmung normalisiert sich bald wieder.

Die physiologische oder biochemische Ursache liegt in dem Glykoprotein *Miraculin*, das mit einem bestimmten Süßrezeptor in Wechselwirkung tritt. Seine Wirkung hängt von dem pH-Wert im Mund ab. Etwas Saures aktiviert die Süßrezeptoren, die dem Gehirn nicht die vorhandene Säure, sondern einen süßen Geschmackseindruck signalisieren.

8.10 Erinnerung an Gerüche

Frage

Wie sich Gerüche auf uns auswirken, erfahren Sie tagtäglich, und nicht nur, wenn es um Ernährung oder Hygiene geht. Geschmacks- und vor allem Geruchsreize erreichen uns ständig überall: In der Natur und in Städten, in Geschäften, Flughäfen und Restaurants, am Arbeitsplatz und in unserer Wohnung. Und wir nehmen diese Düfte nicht nur passiv und unbewusst wahr, sondern nutzen unsere empfindlichen chemischen Sinne auch in vielen sozialen Situationen. Und sehr oft lösen Düfte lebhafte Erinnerungen aus.

Wie gut können Sie sich an Gerüche erinnern? Und können Sie das Erkennen verschiedener Düfte verbessern?

Durchführung und Ergebnisse

Für diese Untersuchung verwenden Sie acht verschiedene Gewürze, die Sie als Küchengewürze kaufen oder frisch aus dem Garten holen. Geeignet sind Petersilie, Majoran, Pfeffer, Knoblauch, Kümmel, Oregano, Thymian, Zimt oder Gewürznelke. Sie notieren, welche Gewürze verwendet wurden.

Eine Versuchsperson setzt eine Augenbinde auf und lässt sich vier zufällig ausgewählte Gewürze von den acht Gewürzen jeweils 15 bis 20 Sekunden unter die Nase halten. Zwischen den Proben lässt man 1 bis 2 min verstreichen, und die Versuchsperson atmet frische Luft, um ihr Geruchsvermögen wieder auf „null" einzustellen. Nachdem die vier Proben gerochen wurden, bieten Sie nacheinander alle acht Gewürze zum Riechen dar. Es sollten bereits gerochene und noch nicht gerochene in zufälliger Reihenfolge verwendet werden.

Die Aufgabe der Testperson ist, herauszufinden, ob der jeweilige Geruch bereits wahrgenommen wurde oder nicht. Die Antworten werden notiert. Personen mit einem guten Geruchserinnerungsvermögen erkennen die meisten der bereits dargebotenen Gewürze wieder. Natürlich kann man diesen Test unterschiedlich schwer gestalten. Man kann mit eine größeren Anzahl verschiedenen Gerüchen arbeiten oder Gewürze verwenden, die sehr ähnlich sind wie beispielsweise Bärlauch und Knoblauch oder Anis und Kümmel.

Die Aufgabe ist überraschend schwer. Aber die Leistung lässt sich durch Übung verbessern, wenn Sie den Test mehrmals wiederholen. Köche und Feinschmecker schneiden bei solchen Tests meist besser ab als Ungeübte.

Erklärung und Bedeutung

Die komplexen Verschaltungen der Riechbahn im Gehirn führen dazu, dass die Geruchsinformation immer direkt Bereiche aktiviert, die mit Emotionen (**Amygdala,** Mandelkern), Lernen und Gedächtnis (**Hippocampus,** Seepferdchen), Aufmerksamkeit und Wachheit (**Formatio reticularis**) und vegetativen und endokrinen Funktionen (**Hypothalamus**) zusammenhängen. All dies geschieht, bevor uns ein Geruchseindruck durch die Erregung der Großhirnrinde bewusst wird. Deshalb sind Emotionen und Erinnerungen bei Geruchsreizen besonders stark ausgeprägt.

Ein bekanntes Beispiel ist der „Proust-Effekt", der nach dem Schriftsteller Marcel Proust benannt ist. In seinem Werk *Auf der Suche nach der verlorenen Zeit* beschreibt er, wie eine lebhafte Erinnerung durch Geschmack und Geruch ausgelöst wird. Die folgende Textstelle ist auch vielen bekannt, die den Roman nicht gelesen haben: *Und dann mit einem Male war die Erinnerung da. Der Geschmack war der jener Madeleine, die mir … meine Tante Léonie anbot, nachdem sie sie in ihrem schwarzen oder Lindenblütentee getaucht hatte. Der Anblick jener Madeleine hatte mir nichts gesagt, bevor ich davon gekostet hatte; vielleicht kam das daher, dass ich dies Gebäck, ohne davon zu essen, oft auf den Tischen der Bäcker gesehen hatte und dass dadurch sein Bild sich von jenen Tagen in Combray losgelöst und mit anderen, späteren verbunden hatte; vielleicht auch daher, dass von jenen so lange aus dem Gedächtnis entschwundenen Erinnerungen nichts mehr da war, alles sich in nichts aufgelöst hatte; die Formen – darunter auch die dieser kleinen Muschel aus Kuchenteig, die so behäbig und sinnenfroh wirkt unter ihrem strengen, frommen Faltenkleid – waren versunken oder sie hatten, in tiefen Schlummer versenkt, jenen Auftrieb verloren, durch den sie ins Bewusstsein hätten emporsteigen können*[2]. Demnach werden viele emotional getönte Erinnerungen nicht in erster Linie durch das Sehen von etwas Bekanntem ausgelöst, sondern wesentlich deutlicher durch den Geschmack und den Geruch, der eine lebhafte Erinnerung an frühere Atmosphären und Erlebnisse aus dem Gedächtnis hervorruft.

8.11   Gewöhnung an Gerüche

Frage

Sind Sie einem Geruch von gleichbleibender Stärke länger ausgesetzt, dann erfolgt eine Anpassung oder Abstumpfung, die wir bereits als Adaptation kennengelernt haben: Sie nehmen den Geruch immer schwächer und nach einiger Zeit auch überhaupt nicht mehr wahr. Erst, wenn wir unserer Nase eine Pause gönnen, bemerken wir den Geruch wieder. Etwa wenn Sie eine Kneipe verlassen und sie ein paar Minuten später wieder betreten, stellen Sie fest, dass es im Raum zum Beispiel stickig oder nach Rauch oder nach Schweiß riecht.

Wir können jetzt systematisch untersuchen, wie rasch Sie sich an vorhandene Gerüche gewöhnen.

Durchführung und Ergebnisse

Am einfachsten verwenden Sie Zitronen- und Rumaromen, die als Backzutaten erhältlich sind. In ein kleines Glas geben Sie gleich viel von beiden Substanzen und in ein zweites Glas nur das Rumaroma. Nun schnuppern Sie kurz an dem ersten Glas und nehmen vermutlich eine Mischung der Gerüche wahr. Danach riechen Sie ausgiebig an dem zweiten Glas, das nur reines Rumaroma enthält. Es ist wenig überraschend, dass dabei ein intensiver Geruch nach Rum wahrgenommen wird. Nun wenden Sie sich wieder dem ersten Glas mit der Mischung zu. Wie hat sich Ihr Eindruck gegenüber dem ersten Riechen geändert? Der Anteil des Geruchs nach Rum erscheint jetzt deutlich schwächer, und das Zitronenaroma tritt deutlicher hervor.

---

[2] Marcel Proust, *Auf der Suche nach der verlorenen Zeit*, Band I, In Swanns Welt. Frankfurt: Suhrkamp, 1979, S. 66).

Erklärung und Bedeutung

Aufgrund der Adaptation unserer Geruchsrezeptoren an einen konstanten Reiz passt sich die Intensität der Wahrnehmung rasch und stark an. Wegen dieser Anpassung nehmen wir die niedrigere Konzentration der Geruchsstoffe viel schwächer als vorher wahr. Die Adaptation ist spezifisch und geschieht nur für den länger gerochenen Duftstoff. Beispielsweise können wir Kaffeegeruch in einem verrauchten Raum durchaus bemerken.

Eine andere Art der Gewöhnung stellt die **Habituation** dar, die eine einfache Form des Lernens ist. Sie findet nicht auf der Ebene der Riechzellen, sondern im Gehirn statt. Ein Geruch (oder auch ein anderer Sinnesreiz) wird nicht mehr wahrgenommen, und es wird nicht darauf reagiert, weil er keine wichtigen Informationen mehr liefert. Diese Art der Gewöhnung an bestimmte Gerüche liegt in einem allmählichen Verschwinden der durch den Reiz ausgelösten Reaktion. Das führt dazu, dass vertraute Duftreize weniger Beachtung finden. Habituation ist nicht auf Geruch beschränkt, sondern man findet sie in allen Modalitäten.

8.12 Natürliche Gerüche

Frage

Auch beim Kochen ist es wichtig, nicht nur Geschmackskomponenten, sondern auch Düfte erkennen zu können. Wie gut können Sie natürliche Gerüche beurteilen? Und wovon hängt es ab, ob Sie einen bestimmten Geruch auch identifizieren können? Dies ist auch in Hinsicht auf künstliche Aromen interessant, die nicht nur in vorgefertigten Lebensmitteln, sondern auch in Reinigungs-, Schönheits- und Körperpflegeprodukten enthalten sind.

Nun wollen wir künstliche und natürliche Gerüche vergleichen.

Durchführung und Ergebnisse

1. Der Geruch von Orangen
Bereiten Sie zwei Gläser vor: eines mit einem naturreinen Orangensaft und eines mit einem Orangenfruchtsaftgetränk. Können Sie die beiden Säfte am Geruch unterscheiden? Welcher riecht intensiver nach Orangen?

Anschließend verdünnen Sie den frischen Orangensaft mit Wasser im Verhältnis 1:10 (10 ml Saft und 90 ml frisches Wasser) und wiederholen dies mit der entstandenen Mischung. Damit fahren Sie fort, bis Sie kein Orangenaroma mehr riechen können. Wie oft konnten Sie den Saft verdünnen? Daraus lässt sich errechnen, ab welcher Konzentration der Geruch wahrgenommen werden kann.

2. Düfte identifizieren
Stellen Sie in einen Raum ohne Luftzug ein mit einem Duftstoff gefülltes Gefäß auf einen Tisch. Dafür sind zerstoßene Gewürze (Kümmel, Anis, Zimt, u. ä.) oder in reinem Alkohol gelöstes Kaffeepulver, Vanille, Rumaroma oder wenige Tropfen verschiedener Parfüms geeignet. Duftöle aus der Drogerie bieten zusätzlich ein weites Spektrum von verschiedenen Gerüchen. Die Versuchsperson darf nicht wissen, worum es sich handelt. Sie soll angeben, wann etwas zu riechen beginnt und ab wann sie den Duft identifizieren kann.

Das Bemerken eines Geruchs geschieht relativ schnell, aber für das richtige Erkennen benötigt die Versuchsperson immer deutlich mehr Zeit. Wenn Sie dies genau bestimmen wollen, dann messen Sie mit einer Uhr, wie lange es dauert, bis der Geruch bemerkt und dann erkannt wird.

Erklärung und Bedeutung

Normalerweise empfinden wir den Geruch von natürlichem Orangensaft angenehmer und besser als den Geruch eines Fruchtsaftgetränks. Es genügt offenbar eine nur geringe Konzentration, um den Geruch zu bemerken. Generell gilt, dass aber für das Erkennen des Dufts oder der Geruchsquelle eine deutlich höhere Konzentration des Geruchsstoffs nötig ist. Düfte benötigen eine gewisse Zeit, um sich in der Luft auszubreiten. Die allmählich steigende Konzentration des Dufts führt zum Erkennen.

Es hilft, den Probanden für ihre Antwort verschiedene Alternativen vorzugeben wie beispielsweise „Riecht es nach Gewürznelke oder nach Kümmel oder nach Anis oder nach Zimt?". Mit dieser Hilfe wird die Erkennungsleistung deutlich besser, und es illustriert, dass dem aktiven Erinnern und Identifizieren nachgeholfen werden kann. Unbewusst wahrgenommene Düfte werden uns auf diese Weise bewusst. Es gibt auch große Unterschiede beim Erkennen verschiedener Gerüche. „Orange" und „Zitrone" können relativ einfach korrekt benannt werden, während Gerüche wie „Muskatnuss", „Lebkuchen" oder „Kamille" meist nicht so einfach erkannt werden können. Dies liegt auch an der Häufigkeit, mit der wir in der Vergangenheit mit dem jeweiligen Duft konfrontiert wurden. Erfahrung spielt eine große Rolle.

Dieser Versuch zeigt den Unterschied zwischen verschiedenen Schwellen. Um gerochen zu werden, genügen beispielsweise vier Milligramm Allicin (Thiosulfinat), das einen typischen Knoblauchgeruch ausmacht, in 108 m^2 Luft. Und auch nur ein Milligramm reine Vanille pro 1000 m^2 Luft wird rasch wahrgenommen. Dies sind *absolute Schwellen,* die die Menge des Duftstoffs angeben, bei der man bemerkt, dass es nach etwas riecht. Für die *Erkennungsschwellen* – d. h. um den Geruch erkennen und benennen zu können – muss die Konzentration etwa 50 Mal höher sein. Je länger sich der Geruch in einem Raum befindet, desto mehr verteilt er sich in der Luft und erreicht schließlich unsere Nase.

Wenn man den Test wiederholt, verbessert sich die Wahrnehmungsleistung, und wir können durch wiederholtes Riechen in unserem Urteil zuverlässiger werden. Professionelle Weintester und Feinschmecker üben fast täglich, um ihren Geschmacks- und Geruchssinn zu perfektionieren.

Wir finden auch in jeder Parfümerie oder Drogerie eine reiche Auswahl von Parfüms, Deos, Duschgels oder Rasierwässern mit zahlreichen künstlich erzeugten, unterschiedlichen Duftnoten, die wir nach einiger Erfahrung auch identifizieren können.

Auch komplexe Duftmischungen nehmen wir sehr genau wahr: Kehren wir von einer längeren Reise in unsere eigene Wohnung zurück, nehmen wir den uns vertrauten Geruch wahr und wissen, dass wir zu Hause sind. Und beim Betreten fremder Wohnungen können wir den dort typischen Geruch sofort bemerken.

Durch die Adaptation verschwindet dieser Eindruck jedoch relativ rasch. Ähnliches geschieht, wenn wir Knoblauch verzehrt haben: Wir selbst bemerken dies nicht mehr, während unsere Umgebung dies deutlich wahrnimmt. Vor einem Arztbesuch, einem Rendezvous oder einem Vorstellungsgespräch ist das Essen von Knoblauch eher nicht angezeigt.

8.13 Eine Duftquelle durch Riechen finden

Frage

Sie haben im vorhergehenden Abschnitt gelernt, dass Düfte erst dann erkannt werden, wenn ihre Konzentration in der Luft groß genug ist. Wenn Sie nach der Quelle eines unangenehmen Geruchs in der Wohnung suchen, so sind Sie gut in der Lage zu bestimmen, woher der Geruch kommt. Man versucht, die Nase in die Nähe der möglichen Duftquelle zu bringen und man schnüffelt am Boden, dem Teppich und unter den Möbeln, wo die Duftmoleküle stark konzentriert sind. Wenn Sie stehen, können Sie diese kaum riechen, weil Sie mit der Nase zu weit entfernt sind. In ähnlicher Weise testen wir (meist unwillkürlich und unbewusst), ob Lebensmittel noch gut oder schon verdorben sind, indem wir in der unmittelbaren Nähe daran schnuppern.

Wie gut können Sie bestimmen, aus welcher Richtung ein bestimmter Duft kommt und wo sich die Duftquelle befindet?

Durchführung und Ergebnisse

Nehmen Sie 10 bis 15 kleine saubere Glasfläschchen ohne Duft, und füllen Sie eines davon mit einem Duftstoff. Dafür eignen sich verschiedene Küchengewürze, Ammoniak, Essig, Parfüm, Kaffeepulver, Kakao oder Vanille. Die Fläschchen werden im Abstand von etwa 5 cm nebeneinander aufgereiht, ohne dass die Versuchsperson diese sehen kann. Am einfachsten ist es, sie hinter einem Brett oder ähnlichem zu verstecken. Die Aufgabe der Testperson ist, alleine durch Riechen den Duft zu finden. Sie darf sich dabei bewegen und entlang des Brettchens schnüffeln. Sie werden sehen, dass wir in der Regel recht erfolgreich sind, die Duftquelle nur durch das Riechen zu entdecken.

Erklärung und Bedeutung

Nicht nur Tiere, sondern auch wir Menschen sind in der Lage, alleine durch Riechen eine Duftquelle zu finden. Unser Riechen ist meistens ein aktiver Prozess. Wir bemerken zwar die Moleküle, die mit der Atmung die Rezeptoren in unserer Nase erreichen, aber erst ein gezieltes Riechen erlaubt, den Geruch und seine Quelle zu erkennen. Man muss seine Nase in die Nähe der Duftquelle bringen und schnuppern.

Im Alltag nutzen wir diese Fähigkeit, um den Ursprung eines unangenehmen Geruchs aufzuspüren. Verdorbenes Obst, andere verdorbene Lebensmittel oder Knoblauch und anderes verströmen schlechte und unangenehme Gerüche. Dafür sind wir im Allgemeinen sehr empfindlich. Aber nur wenn wir die Geruchsquelle entdecken, können wir Abhilfe schaffen. Dies ist auch wichtig, um verdorbene Lebensmittel früh bemerken zu können, bevor wir sie zu uns nehmen.

8.14 Die Bedeutung von Geruch für den Geschmack

Frage

Wahrscheinlich vermuten Sie, dass das Schmecken nur eine Aufgabe Ihrer Zunge ist. Aber wir können nachweisen, dass das nicht ganz richtig ist, wenn wir untersuchen, wie sich der Geschmack verändert, wenn der Geruch unterdrückt wird. Sie können prüfen, wie unser Geschmack durch den Geruch beeinflusst wird.

Durchführung und Ergebnisse

Halten Sie sich mit einer Hand die Nase zu, mit der anderen geben Sie etwas Vanillezucker oder Gebäck mit Zimtgeschmack auf die Zunge. Was schmecken Sie? Danach öffnen Sie die Nase. Was schmecken Sie jetzt?

Ohne das sogenannte retronasale Riechen[3] bemerkt man einen süßen Geschmack (wie bei gewöhnlichem Zucker). Bei geöffneter Nase schmeckt man eindeutig das Vanillearoma bzw. das Zimtaroma.

Eine ähnliche Beobachtung: Prüfen Sie mit geschlossener Nase den Geschmack eines in kleine Stücke geschnittenen Apfels, einer Birne, einer rohen Kartoffel oder eines Sellerie. Geschmacklich sind diese sehr ähnlich und können ohne zusätzliches Riechen kaum unterschieden werden.

Dasselbe macht man mit einem Mentholbonbon oder einem Kaugummi mit Pfefferminzgeschmack im Mund. Bei geschlossener Nase bemerken Sie die Süße und einen leicht kühlenden Effekt. Bei geöffneter Nase wird diese Empfindung durch die retronasale Wahrnehmung deutlich stärker und Sie nehmen jetzt den Menthol- oder Pfefferminzgeschmack deutlich wahr.

Erklärung und Bedeutung

Unsere Geschmacksempfindungen sind auf nur wenige Grundqualitäten beschränkt. Diese sind süß, salzig, sauer, bitter, „umami" (fleischig-würzig) sowie die Nebenqualitäten metallisch und seifig (alkalisch), während wir Tausende von Gerüchen wahrnehmen können. Wegen der anatomischen Verbindung zwischen Mundraum und Nase können Geruchsmoleküle aus dem Mund auch die Riechzellen erreichen. Dies ist deutlich geringer, wenn man die Nase zuhält und den Luftstrom unterbindet, und so die retronasale Wahrnehmung unterdrückt. Normalerweise gibt es eine funktionelle Interaktion zwischen Geschmack und Geruch. Die rudimentäre Geschmackswahrnehmung besitzt nur relativ wenige Qualitäten, während wir Tausende von Gerüchen wahrnehmen können.

Die verschiedenen Aromastoffe werden beim Verzehr von Speisen und Getränken durch das Kauen und Schlucken freigesetzt und lösen folglich über

---

[3] Sinngemäß „hinter der Nase gelegen".

den Rachen auch einen olfaktorischen Reiz aus. Diese retronasale Wahrnehmung ist bei normaler (nichtexperimenteller) Stimulation im Alltag wichtig. Das Zusammenwirken von Geschmack und Geruch spielt vor allem bei der Nahrungsaufnahme und beim Beurteilen von Lebensmitteln eine wesentliche Rolle. Wie wir aus Erfahrung wissen, schränkt sich das Geschmackserleben bei einem Schnupfen deutlich ein, weil nun die Geruchskomponente ausfällt.

Eine verminderte Empfindlichkeit erleben wir beispielsweise bei einer starken Erkältung, bei der ebenfalls die retronasale Wahrnehmung beeinträchtigt wird.

8.15 Der Geruch von Büchern

Frage

Wenn Sie öfter in eine Bibliothek oder eine Buchhandlung gehen, wissen Sie, dass dort meist ein spezieller Geruch herrscht. Aber können Sie alleine aufgrund des Geruchs auch herausfinden, wer gerade ein Buch in der Hand gehalten hat?

Durchführung und Ergebnisse

Dies ist ein von dem Physiker und Nobelpreisträger Richard Feynman beschriebenes Experiment[4]. Bitten Sie eine Person, ein Buch längere Zeit in der Hand zu halten und durchzublättern. Schnuppern Sie dann an der Hand und anschließend an verschiedenen Büchern, so können Sie überraschend sicher bestimmen, um welches Buch es sich handelt. Wichtig ist, gleichartige Bücher wie beispielsweise ein mehrbändiges Werk zu verwenden, weil sich Papier und Druckerfarbe oder Leim und Einband verschiedener Bücher auch in ihrem Geruch unterscheiden können.

Sie werden überrascht sein, wie gut Sie in der Lage sind, diese Aufgabe zu lösen.

Erklärung und Bedeutung

Im Allgemeinen haben Menschen den Ruf, nicht sehr gut riechen zu können. Ein Grund ist eine im Vergleich zu Tieren reduzierte Ausstattung der mensch-

---

[4] Feynman, R. P. und Leighton, R., *Surely You're Joking Mr. Feynman! Adventures of a Curious Character*, Bantam Books, New York, 1988, S. 88.

lichen Nase mit relativ wenigen Geruchsrezeptoren. Außerdem finden wir bei Ratten, Hunden, Katzen und anderen Tieren wesentlich größere Hirnareale, die Geruchsinformation verarbeiten. Ameisen können sich an sogenannten Duftstraßen orientieren, und Hunde sind sehr erfolgreich, Sprengstoffe oder Drogen zu entdecken oder Vermisste durch ihren Geruchssinn zu finden.

Hinzu kommt unsere aufrechte Körperhaltung, sodass wir von einer möglichen Duftquelle weit entfernt sind. Wenn wir aufrecht stehen, ist es unmöglich, Gerüche am Boden wahrzunehmen. Hunde und andere Tiere sind dabei natürlich ungleich besser und genauer, weil ihr Geruchsvermögen deutlich besser ist als unseres, aber auch weil sie direkt am Boden schnüffeln. In Experimenten konnte nachgewiesen werden, dass auch Menschen mit verbundenen Augen Duftspuren erfolgreich im Gras verfolgen können, wenn sie am Boden krabbelten. Dort sind die Geruchssignale deutlich stärker.

Ähnlich gut ist unsere Wahrnehmungsleistung bei dem oben beschriebenen direkten Schnuppern an Büchern. Auch hier ist die Geruchsquelle ebenfalls nahe an der Nase, und wir sind sehr empfindlich.

8.16 Geschmack und Farbe

Frage

Wenn Sie Fruchtjoghurt kaufen, erwarten Sie bei verschiedenen Sorten eine bestimmte Farbe; Himbeer- und Erdbeerjoghurt sind rötlich, Joghurt mit Heidelbeeren ist blau und Vanillejoghurt besitzt eine gelbe Farbe. Naturjoghurt ist weiß. Aber beeinflusst die Farbe von Lebensmitteln auch unsere Geschmackswahrnehmung und Beurteilung?

Durchführung und Ergebnisse

Für diese Untersuchung benötigen Sie Naturjoghurt und geschmacklose Lebensmittelfarben. Sie verteilen den Joghurt auf vier gleichartige Gläser. Drei davon werden mit gelber, roter oder blauer Lebensmittelfarbe eingefärbt und umgerührt bis sie eine gleichmäßige Farbe besitzen. Die Versuchspersonen sollen kosten und erraten, ob es sich um Naturjoghurt oder Vanille-, Erdbeer- oder Blaubeerjoghurt handelt. Die meisten Menschen lassen sich von der Farbe und ihrer damit verbundenen Erwartung wesentlich stärker beeinflussen als von dem tatsächlichen Geschmack.

In ähnlicher Weise können Sie einen leichten Weißwein mit roter Lebensmittelfarbe einfärben und den Probanden zu kosten geben. Viele beurteilen weiß aussehenden Wein völlig anders als roten. Wenn zusätzlich auch die Temperatur verändert wird, ändert sich das Erkennen, und oft können Weiß- und Rotwein nicht unterschieden werden.

Erklärung und Bedeutung

Neben den chemischen und physiologischen Eigenschaften der Geschmacksstoffe spielen Erinnerung, Erfahrung und Erwartung eine große Rolle und bestimmen, in welcher Weise wir etwas empfinden. Das bestimmte Erwartungen gelernt sind, zeigt das Beispiel Vanille: Mit diesem Gewürz aromatisierte Speisen sind oft gelb oder hellgelb, obwohl Vanille in Wirklichkeit schwarz ist. Diese Farbgebung kommt ursprünglich von den hellgelben Blüten der Pflanze, hat aber mit dem Gewürz nichts zu tun. Die gelbliche Färbung kommt oft von künstlich zugesetzten Lebensmittelfarbstoffen, die die Speisen schön aussehen lassen.

Es gibt viele Studien, die zeigen, wie der subjektive Geschmackseindruck durch die Farbe verändert werden kann. Beispielsweise wurde untersucht, wie bei erfahrenen Weintestern die Farbe ihre Beurteilung verändert. Obwohl es sich um weißen Wein handelte, wurde rot eingefärbter Wein von den Experten als Rotwein bezeichnet und mit den entsprechenden Attributen beschrieben. Ungefärbter Wein wurde erwartungsgemäß als Weißwein identifiziert.

In einer anderen Untersuchung wurden acht erfahrene französische Sommeliers gebeten, verschiedene Bordeaux-Weine zu beurteilen, die zum Teil sogar zwischen 80 und 200 Euro pro Flasche kosteten. Es stellte sich heraus, dass sogar ein sehr billiger Wein ähnlich positiv bewertet wurde wie die „Spitzenweine". Ganz offenbar entsteht der Geschmack nicht in der Flasche, sondern im Kopf.

Die Farbe von Esswaren besitzt natürlich eine biologische Bedeutung, denn Farben informieren uns über den Reifegrad von Obst: gelb und grün deuten oft (aber nicht immer!) auf Saures hin, während rotes Obst eher reif und süß ist. Verdorbene Lebensmittel haben fast immer eine veränderte und unappetitliche Farbe; grünlich verfärbtes Fleisch ist sicher verdorben und ungenießbar, und bei einer Schicht blauen Schimmels auf einem Brot ist Vorsicht geboten.

A

Anatomische und Physiologische Begriffe

Adaptation Eine veränderte Reaktion und Anpassung der Rezeptoren auf einen Dauerreiz. Dies kann in einer verminderten oder aber auch einer erhöhten Empfindlichkeit resultieren. Ein dauerhafter Druck wird nicht mehr bemerkt, während der Aufenthalt im Dunkeln zu einer empfindlicheren Wahrnehmung führt. Deshalb resultiert die Adaptation in einer Veränderung des Arbeitsbereichs der Rezeptoren.
Unterschiedlich schnelle Adaptation ist auch ein Merkmal der Mechanorezeptoren der Haut, was die Basis für die funktionelle Spezialisierung der Berührungs-, Druck- und Vibrationsrezeptoren ist.
Adaptation findet man in allen Sinnesmodalitäten. Eine Ausnahme bildet die Wahrnehmung von Schmerz, der eine Warnfunktion besitzt. → *Siehe auch Habituation*

Adäquate Reize Physikalische und chemische Reize, auf die die Rezeptorzellen besonders empfindlich reagieren, werden adäquate Reize genannt. Für sie liegt die Erregungsschwelle sehr niedrig. Nichtadäquate Reize wie elektrischer Strom oder mechanische Einflüsse können ebenfalls die Rezeptoren erregen.
Nicht alles wird von den Sinnesorganen verarbeitet und von uns wahrgenommen, sondern nur ein Ausschnitt aus der Umwelt. Beim Sehen sind es bestimmte Wellenlängen, beim Hören passende abgestimmte Tonfrequenzen, bei den chemischen Sinnen geeignete Substanzen.

Afferenz Afferente Nervenfasern leiten die Informationen von den Rezeptoren zum ZNS oder innerhalb des ZNS zu anderen Regionen. Sensible Afferenzen: Nervenfasern von den Sinnesorganen. Viszerale Afferenzen: Nervenfasern von den Eingeweiden. Somatische Afferenzen: Nervenfasern

von auf der Körperoberfläche – in der Haut – liegenden Rezeptoren. →
Siehe auch Efferenz

Akkommodation Die Anpassung der Brechkraft des Auges an unterschiedliche Entfernungen. Dadurch kann stufenlos in einer beliebigen Entfernung scharf gesehen werden. Die Akkommodation beruht beim Menschen auf der Verformung der Linse des Auges (flach = geringe Brechkraft; kugelförmig = große Brechkraft). Weil im Laufe des Lebensalters die Linse ihre Elastizität verliert, werden alle Menschen – irgendwann – weitsichtig (Alterssichtigkeit, Presbyopie).

Die Brechkraft der Linse (oder auch einer Brille oder Kontaktlinse) wird in Dioptrien angegeben und berechnet sich als Kehrwert der Entfernung in Metern: Dioptrien (dpt) = 1 / Entfernung. Die Gesamtbrechkraft des Auges beträgt 58 dpt; dazu trägt hauptsächlich die Hornhaut (Kornea) und etwas weniger die Linse bei.

Aktionspotential Eine schnelle Änderung des Membranpotentials innerhalb etwa 1 Millisekunde, die sich entlang der Nervenfaser fortpflanzt und so Informationen der Nervenzelle weiterleitet. Die Erregung geschieht nach dem „Alles-oder-Nichts-Gesetz", entweder es entsteht ein Aktionspotential oder nicht; es gibt keine Zwischenstufen.

Allgemeinempfindung Eine subjektive Empfindung, die keinem bestimmten Sinnesorgan oder einer Körperstruktur zugeordnet werden kann. Beispiele sind Hunger, Durst, Müdigkeit oder Atemnot. Hitze und Kälte zählen auch dazu, wenn damit der subjektive Zustand der Person gemeint ist.

Amygdala (Corpus amygdaloideum) Wegen ihrer Form als „Mandelkern" bezeichnet. Eine Ansammlung von Kerngebieten von Neuronen im vorderen Stirnlappen, die mit Gefühlen und Gedächtnis in Verbindung gebracht werden. Eines der Emotionszentren des Gehirns, das beispielsweise bei der Wahrnehmung von Geruch und Geschmack wichtig ist.

Astigmatismus Auch als Stabsichtigkeit bezeichneter richtungsabhängiger Unterschied der Brechkraft durch die Verformung der Kornea des Auges. Eine geringe Abweichung von bis zu 0,5 Dioptrien wird als normal angesehen und kann durch das Zentralnervensystem ausgeglichen werden. Ist die Hornhautverkrümmung größer, so muss sie durch Brillen oder Kontaktlinsen korrigiert werden.

Ataxie Eine neurologische Störung der Koordination der Körperhaltung und der Bewegungsqualität. Dabei gibt es unkontrollierte und überschüssige Bewegungen. Sie tritt beispielsweise bei Störungen des Gleichgewichtsorgans, des Rückenmarks oder des Kleinhirns auf. Dabei wird sie auch nach der betroffenen Bewegung unterschieden (Standataxie, Gangataxie, Zeigeataxie oder Rumpfataxie). Sie kann auch nach Alkoholgenuss auftreten.

Bahnung Durch die Summation vieler kleiner unterschwelliger Reize wird ein Sinnessystem empfindlicher. Dies wird als Bahnung bezeichnet. Dabei erhöht sich die Anzahl der erregten Synapsen, und die Erregungsprozesse im ZNS werden durch die zusätzliche Erregung gesteigert. Man unterscheidet die räumliche Bahnung (dabei werden zusätzlich andere Nervenfasern aktiviert) von der zeitlichen Bahnung (die Frequenz der Impulse erhöht sich). Beides führt zu einer effizienteren Übertragung der Erregung und resultiert in einer erhöhten Empfindlichkeit des betreffenden Sinnessystems.

Efferenz Efferente Nervenfasern übertragen die aus dem Zentralnervensystem stammenden Informationen zu den Erfolgsorganen oder innerhalb des ZNS von einem Gebiet zu einem anderen. Im letzteren Fall sind sie aus Sicht des Ausgangsgebietes Efferenzen, aus Sicht des Zielgebietes Afferenzen. Motorische Efferenzen leiten zur Skelettmuskulatur, vegetative Efferenzen zu den inneren Organen.→ *Siehe auch Afferenz*

Farbmischung Farben können nicht nur physikalisch gemischt werden. Wir sprechen von einer *subtraktiven Farbmischung*, wenn durch Filter bestimmte Wellenlängen des Lichts ausgefiltert werden. Die verbleibenden Wellenlängen bestimmen den Farbeindruck. Beim Malen ergeben alle Farben übereinander Schwarz, weil dann sämtliche Wellenlängen ausgefiltert werden.

Additive Farbmischung bedeutet, dass die farbempfindlichen Zapfen unserer Netzhaut in einem unterschiedlichen Verhältnis erregt werden. Dabei handelt es sich um einen physiologischen Prozess, der durch die Physik des Lichts nicht erklärt werden kann. Eine Mischung von rotem und grünem Licht ergibt den subjektiven Seheindruck Gelb. Mischt man alle Farben, entsteht Weiß.

Computer- und Fernsehbildschirme werden als RGB-Monitore bezeichnet, weil sie einzelne Pixel für die Grundfarben Rot, Grün und Blau besitzen. Dies erlaubt im menschlichen Auge eine additive Mischung der Grundfarben.

Formatio reticularis Ein komplexes Geflecht vieler Nervenzellen, die den Hirnstamm bis zum Rückenmark durchziehen. Sie erhält Informationen von allen sensorischen und motorischen Kerngebieten und steuert den Schlaf-Wach-Rhythmus und damit die Aufmerksamkeit. Sie enthält u. a. das lebenswichtige Kreislauf- und Atemzentrum.

Fovea centralis Auch als Sehgrube oder Gelber Fleck (Macula lutea) bezeichnet. Der Bereich des schärfsten Sehens bei Säugetieren, der sich durch besonders viele Fotorezeptoren und kleine rezeptive Felder auszeichnet. Auch das Farbensehen ist beim Menschen auf diesen Bereich konzentriert. Die Fovea ist ein wichtiger Bezugspunkt, wenn das Ausmaß des Gesichtsfelds bestimmt wird.

Gesichtsfeld Der Bereich der Außenwelt, der mit stillgehaltenen Augen gesehen werden kann. Seine Grenzen sind durch den die Augen umgebenden Schädelknochen und die Nase begrenzt. Das Gesichtsfeld hat die Form einer Ellipse. Die Dimensionen werden in Sehwinkelgrad angeben, wobei die Stelle des schärfsten Sehens in der Mitte liegt; nach oben sind es etwa 50°, nach unten 60°, nach temporal 80° und nach nasal 50°. Die genauen Zahlen hängen zum Teil von der Untersuchungsmethode ab. Das binokulare Gesichtsfeld beim Sehen mit beiden Augen zeigt die Überlappung der monokularen Bereiche, und es ist größer als das der beiden einzeln getesteten Augen.

Die Grenzen des Gesichtsfelds werden immer in Sehwinkelgrad angegeben und sind somit von dem Untersuchungsabstand unabhängig.

Die Bestimmung des Gesichtsfelds – die Perimetrie – ist in der Augenheilkunde und der Neurologie wichtig, um Schäden der Netzhaut und der Sehbahn entdecken und beschreiben zu können.

Gestaltpsychologie Ein Forschungsgebiet der akademischen Psychologie, das in der ersten Hälfte des 20. Jahrhunderts etabliert wurde. Dabei wird untersucht, wie wir in der Lage sind, von einer Vielfalt einzelner Informationen zu einer ganzheitlichen Wahrnehmung zu gelangen. Die menschliche Wahrnehmung resultiert immer in einem wahrgenommenen Gesamtbild und nicht in der Zusammenstellung einzelner isolierter Teile. Dieses Forschungsgebiet ist mit den Namen der deutschen Psychologen Max Wertheimer, Kurt Koffka und Wolfgang Köhler verknüpft.

Die Gestaltpsychologie formulierte eine Reihe von Gesetzen, die die Wahrnehmung bestimmen. Dafür wurden Faktoren wie Prägnanz, gute Gestalt, Einfachheit oder Ähnlichkeit postuliert.

Großhirnlappen Diese spiegeln die Einteilung der Großhirnrinde nach groben Oberflächenmerkmalen wider. Die einzelnen Hirnwindungen (Gyri; Einzahl: Gyrus) sind durch Einschnitte voneinander getrennt. Dabei unterscheidet man Fissuren (Furchen) und Sulci (Gräben). Auf diese Weise werden die Regionen des Gehirns nach Merkmalen der Oberflächenanatomie eingeteilt.

Die genauen Bezeichnungen orientieren sich an ihrer Lage, und man unterscheidet den Stirnlappen (Frontallappen), den Scheitellappen (Parietallappen), den Schläfenlappen (Temporallappen), den Hinterhauptslappen (Okzipitallappen) und den Insellappen, der im Sulcus lateralis (der Sylvischen Furche) verborgen ist.

Die verschiedenen Regionen sind mit unterschiedlichen Funktionen verknüpft (z. B., okzipital: Sehen, temporal: Hören, parietal: Somatosensorik).

Diese Bereiche sind paarig in beiden Hemisphären vorhanden und über das Corpus Callosum, den Balken, miteinander verbunden.

Haarfollikelrezeptoren Dabei handelt es sich um mechanorezeptive Nervenendigungen an den Haarwurzeln von Säugetieren. Sie werden durch Berührungen gereizt. In den Schnurrhaaren verschiedener Raub- und Nagetiere dienen sie der Wahrnehmung von Berührungsreizen und sind für die Orientierung des Tieres wichtig. Deshalb darf man sie beispielsweise bei Katzen nicht zurückschneiden.

Habituation Eine abnehmende Empfindlichkeit auf wiederholte Reize. Im Gegensatz zur Adaptation liegt die Ursache nicht in den Rezeptoren, sondern im Gehirn. Sinn ist, dass der Organismus auf bekannte Reize nicht mehr reagieren muss. Die Habituation wird auch als sehr einfacher Lernprozess des ZNS angesehen. → *Siehe auch Adaptation*

Hippocampus Eine Gehirnregion am inneren Rand des Temporallappens, die zum limbischen Kortex (limbischen System) gehört. Sie wird wegen ihrer Form so benannt: Hippocampus bedeutet „Seepferdchen". Dieses Hirnareal ist für das Lernen und Gedächtnis wichtig und gilt als Arbeitsspeicher des Wahrgenommenen und Schaltstelle zwischen dem Kurz- und Langzeitgedächtnis.

Hypothalamus Eine Ansammlung von Nervenkernen im Bereich des Zwischenhirns. Er gilt als die zentrale Regulationsstelle zwischen dem Nerven- und dem endokrinen System und steuert vegetative Funktionen wie die Nahrungs- und Wasseraufnahme, die Körpertemperatur, den Kreislauf sowie das Schlaf- und Sexualverhalten.

Laterale Hemmung Hierbei hemmen benachbarte Neurone die neuronale Aktivität ihrer Nachbarn. Dies sieht man anschaulich bei den Mach-Bändern: In den gleich hellen (oder dunklen) Bereichen ist die Hemmung gleichförmig, und man sieht eine homogene Fläche. An den Übergangsbereichen ist die Hemmung im Ungleichgewicht, wodurch die Grenzen zwischen hell und dunkel hervortreten.

Meißner-Zellen Schnell adaptierende Differentialrezeptoren, die die Geschwindigkeit eines mechanischen Reizes auf die Haut messen. Deshalb werden sie als Geschwindigkeitsdetektoren bezeichnet und erlauben die Berührungsempfindung.

Merkel-Zellen Langsam adaptierende Mechanorezeptoren in der Haut, die für die Tastempfindung zuständig sind. Sie signalisieren die Empfindung bei anhaltendem Druck.

Modalität Die „Art und Weise" der Wahrnehmung oder der Sinn. Sie ist durch die spezialisierten Sinnesrezeptoren sowie ihre zentralnervöse Verschaltung im Gehirn definiert. Modalitäten sind nicht unbedingt an ein bestimmtes Sinnesorgan gebunden. Beispiele sind Sehen, Hören oder die Wahrnehmung von Berührung, Druck und Vibration oder Schmerz.

Phosphen Eine durch mechanischen Druck oder elektrischen Strom verursachte visuelle Wahrnehmung. Drückt man mit einem Finger im Augenwinkel leicht auf das Auge, so löst man Lichterscheinungen aus. In ähnlicher Weise lassen sich bei der elektrischen Reizung der Zunge Geschmacksempfindungen auslösen.

Dies sind Beispiele für eine nichtadäquate Reizung von Sinnesorganen, die zu einer Wahrnehmung führt.

Propriozeption Eigenwahrnehmung und die Fähigkeit, die eigene Körperposition im dreidimensionalen Raum zu erkennen. Dies beruht auf Information über die Stellung und die Bewegung von Gelenken und die Spannung von Sehnen und Muskeln. Sie wird auch als Tiefensensibilität bezeichnet.

Psychophysik Ein Forschungsgebiet der experimentellen Psychologie, das Beziehungen zwischen den physikalischen Merkmalen von Reizen (Intensität, Dauer etc.) und der Wahrnehmung untersucht. Die Forschung im Bereich der subjektiven Sinnesphysiologie wurde im 19. Jahrhundert als Forschungsgebiet etabliert und ist mit Namen wie Ernst Weber, Gustav Fechner oder Ernst Mach verknüpft, die systematisch untersuchten, wie sich die Veränderungen der physikalischen oder auch chemischen Reizeigenschaften auf unsere sensorischen Empfindungen auswirken.

Klinische sensorische Tests wie die Bestimmung der Sehschärfe, des Hörvermögens oder der Empfindung von Vibrationen beruhen auf psychophysischen Verfahren.

Querdisparität Die Verschiebung der Bilder des linken und rechten Auges gegeneinander. Wir sehen die Welt aus leicht unterschiedlichen Blickwinkeln. Die Sehreize werden auf „nichtkorrespondierenden" Stellen der Netzhaut des linken und rechten Auges abgebildet. Dies ist für das Gehirn der Hinweis für räumliche Tiefe und unser dreidimensionales Sehen. Bereits eine sehr geringe Verschiebung der Bilder in der Größenordnung von 10 bis 15 Winkelsekunden kann bemerkt werden. Die Information über die Querdisparität wird in der Sehrinde verarbeitet und erlaubt das stereoskopische Sehen.

Reafferenzprinzip Ein Regelvorgang des zentralen Nervensystems, der verschiedenartige Sinnesinformationen gegeneinander verrechnet. Die Befehle an die Muskeln, die Efferenzen, werden gleichzeitig als Kopie, die *Efferenzkopie*, an das sensorische System geleitet. Dadurch kann beispielsweise ein Bewegungssignal an die Augenmuskeln mit den Informationen der Netzhaut verglichen werden und dafür sorgen, dass während Augenbewegungen ein stabiler Wahrnehmungseindruck der Umwelt resultiert.

Derselbe Mechanismus kann auch erklären, warum wir uns nicht selber kitzeln können.

Rezeptives Feld Der Bereich der Außenwelt in der Umgebung oder auf der Körperoberfläche, der bei Reizung ein bestimmtes zentrales Neuron beeinflusst (erregt oder hemmt). Dies gilt für räumlich definierten Ausschnitt der Umwelt der Reize auf der Haut und der Netzhaut. Man findet sie auch im auditiven System, die durch die hohe Empfindlichkeit eines Neurons auf eine bestimmte „charakteristische Frequenz" bestimmt sind. Die Verschaltung und Kombination von rezeptiven Feldern ist eine wichtige Grundlage für die Verarbeitung von Reizen in den Sinnesorganen und im Gehirn.

Die Struktur und damit die Funktion der rezeptiven Felder kann sich verändern. Dies geschieht beispielsweise während der Dunkeladaptation.

Rezeptoren Dieser Begriff besitzt zwei Bedeutungen und bezeichnet:

1. *Spezialisierte Nerven- oder Epithelzellen*, die auf physikalische oder chemische Reize durch Änderung ihres Membranpotentials reagieren. Dies kann in einer Erregung oder auch in einer Hemmung resultieren. → *Siehe auch Sinneszellen*

2. *Spezielle Molekülstrukturen* in der Zellmembran, die den Ein- und Ausstrom von Ionen und anderen Substanzen regulieren.

Ruffini-Kolben Rezeptoren in der Haut, die auf Druck und horizontale Dehnung der Haut ansprechen.

Sakkaden Dies sind die sehr schnellen Bewegungen der Augen zur Erfassung eines neuen Ziels im Gesichtsfeld. Diese sind nötig, weil wir nur im Bereich der Fovea centralis über hohe Sehschärfe verfügen. Deswegen wird die Umwelt unbewusst abgetastet. Der Begriff Mikrosakkaden beschreibt sehr kleine Augenbewegungen, die fortwährend ablaufen und von uns unbemerkt bleiben. → *Siehe auch Gesichtsfeld und Sehschärfe*

Schallempfindungsstörung Eine Hörstörung, die durch ein erkranktes Innenohr verursacht ist. Grund ist die Dysfunktion der Rezeptoren und/oder der afferenten Nervenfasern des Innenohrs. → *Siehe auch Schallleitungsstörung*

Schallleitungsstörung Eine Hörstörung, die durch Schäden des Gehörgangs oder Mittelohrs (Trommelfell und Gehörknöchelchen) verursacht wird. Die noch intakten Rezeptorzellen des Innenohrs können deshalb nicht adäquat gereizt werden. → *Siehe auch Schallempfindungsstörung*

Schwelle Die Grenze zwischen „Wahrnehmen" und „Nichtwahrnehmen" wird als Schwelle bezeichnet. Es gibt die *absolute Schwelle*, die angibt, ab welcher Stärke ein Reiz überhaupt bemerkt wird, die *Unterschiedsschwelle*, die aussagt, wie groß ein Unterschied zwischen zwei Reizen sein muss, um wahrgenommen zu werden und die *Erkennungsschwelle*, ab der wir in der Lage sind, den Reiz zu erkennen und zu benennen.

Das Bestimmen von Wahrnehmungsschwellen besitzt auch eine praktische Bedeutung für die Untersuchung der somatosensiblen Sensibilität oder des Seh- und Hörvermögens und wird in der Neurologie, der Augenheilkunde oder der Hals-Nasen-Ohren-Heilkunde eingesetzt.

Sehschärfe Sie ist als der kleinste Winkel definiert, bei dem man eine Lücke in dem sogenannten Landolt-Ring oder einem anderen genormten Sehzeichen von hohem Kontrast erkennen kann. In der Augenheilkunde wird die Sehschärfe als Visus bezeichnet und als Kehrwert des gefundenen Winkels (in Bogenminuten) angegeben. Ein Visus von 1,0 bedeutet, dass eine Lücke von 1' (einer Sehwinkelminute) erkannt wird. Bei einem Visus von 0,25 muss die Lücke 4' groß sein, um gesehen zu werden. Bei jungen Menschen findet man oft auch größere Werte als 1,0.

Der Vorteil der Verwendung der Maßeinheiten Bogenminuten oder -sekunden ist ihre Unabhängigkeit vom Abstand eines gesehenen Objekts. Andere Arten von Sehtests sind das *Erkennen eines Punkts*, die Wahrnehmung von feinen *Gittermustern* mit unterschiedlichem Kontrast oder die *Nonius-Sehschärfe*, bei der die Verschiebung von zwei Linien gegeneinander gemessen wird, ähnlich wie bei einem Rechenschieber oder einer Schublehre.

Sinneszellen Spezialisierte Rezeptoren, die auf physikalische und chemische Reize durch eine Veränderung ihres Membranpotentials reagieren. Man unterscheidet primäre und sekundäre Sinneszellen:

1. *Primäre Sinneszellen* besitzen ein Axon, und sie lösen Aktionspotentiale aus (z. B. Schmerzrezeptoren der Haut oder Riechrezeptoren in der Nasenschleimhaut).

2. *Sekundäre Sinneszellen* schütten Neurotransmitter aus, die erst die nachgeschalteten Neurone beeinflussen (z. B. die Geschmacksrezeptoren der Zunge oder Haarzellen des Innenohrs).

Sklera Wegen ihrer Festigkeit auch Lederhaut des Auges genannt. Aufgrund ihrer weißlichen Farbe wird sie auch weiße Augenhaut genannt. Sie umschließt den Augapfel fast vollständig und schützt ihn vor äußeren mechanischen Einwirkungen. Sie ist neben der Hornhaut (Kornea) ein wesentlicher Teil der äußeren Augenhaut. Sie sorgt für die Kugelform des Augapfels. Beim Blick von vorne kann man sie als weiße Haut erkennen, bei einer Gelbsucht ist sie gelblich verfärbt.

Thalamus Struktur des Zwischenhirns als „Tor zum Bewusstsein". Hier laufen in unterschiedlichen Teilgebieten fast alle afferenten Sinnesinformationen ein und werden auf die sensorischen Areale der Hirnrinde verteilt.

Transkranielle Magnetstimulation (TMS) Ein Verfahren, mit dem Hirnfunktionen durch Reizung untersucht werden. Dabei werden kleine Bereiche des Gehirns von außen durch starke Magnetfelder erregt oder gehemmt. Die technische Grundlage ist das physikalische Prinzip der elektromagnetischen Induktion (wie beispielsweise bei einem Fahrraddynamo), durch die die elektrische Aktivität der Nervenzellen beeinflusst wird.

Umami Eine fleischig-würzige Geschmacksqualität, die erstmals im Jahr 1907 von dem japanischen Chemiker Kikunae Ikeda beschrieben und im Labor synthetisiert wurde. Das Wort setzt sich aus den japanischen Bezeichnungen *umai* (köstlich) und *mi* (Geschmack) zusammen. Chemisch handelt es sich um Natriumglutamat, das in asiatischen Gerichten und in Fertigprodukten oft als Geschmacksverstärker eingesetzt wird.

Vater-Pacini-Körperchen In der Haut liegende freie Nervenendigungen, deren rezeptive Enden von einer lamellenartigen Schicht umgeben sind. Sie adaptieren sehr schnell und reagieren deshalb auf Vibrationsreize.

Der Name stammt von zwei verschiedenen Wissenschaftlern: Sie wurden zum ersten Mal von dem Anatomen A. Vater im 18. Jahrhundert und etwa 100 Jahre später nochmal von F. Pacini beschrieben.

Vestibularapparat Das Gleichgewichtsorgan, das im Innenohr liegt und für die vestibuläre Wahrnehmung zuständig ist. Seine Aufgabe ist, die Lage des Körpers zu messen, damit eine stabile Körperhaltung in Ruhe und bei Bewegung erzielt werden kann. Der Gleichgewichtssinn ist in alle motorischen Prozesse eingebunden, die beim Stehen, Sitzen, Gehen und Laufen und allen anderen Bewegungen aktiviert werden.

Die Rezeptoren finden sich den sogenannten Bogengängen des Innenohrs, die durch Drehbewegungen erregt werden. Ein zweites Gleichgewichtssystem des Innenohrs sind die Makulaorgane, die auf lineare Beschleunigungen reagieren.

Weber-Gesetz Es beschreibt den quantitativen Zusammenhang zwischen zunehmender Reizstärke und ihrer Wahrnehmung. Ein gerade merklicher Zuwachs hängt von der physikalischen Größe des Ausgangsreizes ab. Dies gilt hauptsächlich in mittleren Bereichen der Intensität: $\Delta I/I$ = konstant und ist für die jeweilige Modalität charakteristisch: Gewichtsunterschied = ca. 2 %; Druck = 3 %; Geschmack = 5 bis 10 %.

Weber-Fechner-Gesetz Eine Erweiterung des Weber-Gesetzes. Der Zusammenhang zwischen der Empfindung E sowie der Reizintensität I und ihrem merklichen Zuwachs ΔI ist $E = c \cdot \log((I+\Delta I)/I)$. Dabei ist c eine Konstante, die für unterschiedliche Sinnesmodalitäten unterschiedlich ist. Das Gesetz besagt, dass die Empfindungsstärke mit dem Logarithmus der Reizstärke wächst. Das bedeutet, dass eine Verdoppelung der Reizstärke subjektiv nicht einem Zuwachs von 100 % entspricht, sondern von etwa 30 % der Empfindungsintensität. Um die Empfindungsstärke zu verdoppeln, muss der Ausgangsreiz etwa um den Faktor 10 erhöht werden, und für eine dreifache Erhöhung der Empfindung ist eine 1000fache Verstärkung der Intensität nötig.

Zentrales Nervensystem (ZNS) Das ZNS besteht aus allen Neuronen und Strukturen, die sich im Rückenmark oder Gehirn befinden. Dies sind alle neuronalen Bereiche, die von Knochen (dem Schädel oder der Wirbelsäule) umgeben sind. Ansammlungen von Nervenzellen besitzen funktionelle Bedeutungen und haben als sogenannte Kerngebiete und Areale der Großhirnrinde spezielle Bezeichnungen.

Das *Periphere Nervensystem* liegt außerhalb von Schädel und Wirbelsäule. Für die Skelettmuskulatur ist das *somatische*, für die inneren Organe das *vegetative (autonome)* Nervensystem zuständig.

Literatur

1. Behrends, J., Bischofberger, J., Deutzmann, R., Ehmke, H., & Frings, S. (2021). *Physiologie*. Stuttgart: Thieme.
2. Brandes, R., Lang, F., & Schmidt, R. (2019). *Physiologie des Menschen mit Pathophysiologie*. Heidelberg: Springer.
3. Goldstein, E. B., & Cacciamani, L. (2023). *Wahrnehmungspsychologie. Der Grundkurs*. Springer, Heidelberg: Der Grundkurs.
4. Gründer, S. und Schlüter, K.-D. (2019). *Physiologie hoch2*. München: Urban & Fischer (Elsevier).
5. Schönhammer, R. (2013). *Einführung in die Wahrnehmungspsychologie. Sinne, Körper, Bewegung*. Stuttgart: Facultas/UTB.
6. Skrandies, W. (2021). *Das Hören des Menschen Physik, Psychologie, Physiologie*. Würzburg: Königshausen & Neumann.
7. Skrandies, W. (2022). *Fühlen, Spüren, Reagieren. Die Wahrnehmung des Menschen*. Würzburg: Königshausen & Neumann.
8. Skrandies, W. (2024). *Geschmack und Geruch. Faszinierende Sinne: Funktion, Psychologie, Philosophie, Literatur, Alltag*. Springer, Heidelberg: Faszinierende Sinne.
9. von Campenhausen, Ch. (1993). *Die Sinne des Menschen*. Stuttgart: Thieme.

GPSR Compliance

The European Union's (EU) General Product Safety Regulation (GPSR) is a set of rules that requires consumer products to be safe and our obligations to ensure this.

If you have any concerns about our products, you can contact us on

ProductSafety@springernature.com

In case Publisher is established outside the EU, the EU authorized representative is:

Springer Nature Customer Service Center GmbH
Europaplatz 3
69115 Heidelberg, Germany